基础力学课程规范化练习丛书

工程力学规范化训练

冯立富　主编

西安交通大学出版社
·西安·

内容简介

本书是根据工科院校工程力学课程教学的实际需要编写的,旨在规范课程练习,帮助学生深刻理解课程内容,熟练掌握工程力学解题的基本方法,方便学生完成作业和教师批改作业。本书的主要内容包括:静力学基础,力系的简化,物体的受力分析,力系的平衡,杆件的内力,拉压杆的强度和变形,圆周扭转时的强度和刚度,梁的强度和刚度,应力状态和强度理论,组合变形杆件的强度计算,压杆稳定,简单静不定问题,运动学基础,点的合成运动,刚体的平面运动,动力学普遍定理,动静法,能量原理,动载荷与交变应力。本书可作工科院校本科各类专业工程力学课程配套教材使用,也可供大专各类专业的学生使用,还可供力学教师参考。

图书在版编目(CIP)数据

工程力学规范化训练/冯立富主编. —西安:西安交通
大学出版社,2014.8
ISBN 978 - 7 - 5605 - 6273 - 5

Ⅰ.①工…　Ⅱ.①冯…　Ⅲ.①工程力学-高等学校-
教材　Ⅳ.①TB12

中国版本图书馆 CIP 数据核字(2014)第 113151 号

书　　名	工程力学规范化训练	
主　　编	冯立富	
责任编辑	田　华	
出版发行	西安交通大学出版社	
	(西安市兴庆南路 10 号　邮政编码 710049)	
网　　址	http://www.xjtupress.com	
电　　话	(029)82668357　82667874(发行中心)	
	(029)82668315　82669096(总编办)	
传　　真	(029)82668280	
印　　刷	陕西时代支点印务有限公司	
开　　本	787mm×1092mm　1/16　　**印张**　8　　**字数**　193 千字	
版次印次	2014 年 8 月第 1 版　　2014 年 8 月第 1 次印刷	
书　　号	ISBN 978 - 7 - 5605 - 6273 -5/TB·78	
定　　价	16.80 元	

读者购书、书店添货、如发现印装质量问题,请与本社发行中心联系、调换。
订购热线:(029)82665248　(029)82665249
投稿热线:(029)82664954
读者信箱:jdlgy@yahoo.cn

前　言

　　2008 年 8 月由西安交通大学出版社出版的"十一五"规划教材《工程力学》,是结合工程实际,将原有的理论力学和材料力学这两门课程的主要经典内容有机地进行融合而成的。本书的内容和要求与这部《工程力学》教材是一致的。

　　我们编写本书的目的是为了帮助学生全面深刻地理解工程力学的基本概念、基本理论,熟练掌握应用基本理论分析求解力学问题的基本思路和方法,节省学生完成作业时抄题和画图的时间;方便教师给学生选留作业题和批改作业,规范学生完成综合练习题的程式、最低数量和题型,保证高等工科学校工程力学课程的教学质量。

　　本书的内容不仅涵盖了工程力学课程的所有知识点,而且还特别注意突出工程力学课程教学基本要求的重点和难点,因此也是一本学生系统全面而又有重点地复习课程内容的理想参考书。

　　参加本书编写工作的有(按姓氏笔划为序):王谨(陕西理工学院)、王霞(西安工业大学)、李颖(空军工程大学)、吴守军(西北农林科技大学)、岳成章(西安思源学院)、贾坤荣(西安工程大学)、郭空明(西安电子科技大学)和解敏(西安理工大学),由冯立富担任主编并统稿。

　　由于我们水平所限,书中难免会有疏误和不妥之处,恳请广大读者批评指正。

编　者

2014 年 5 月

目　录

1 静力学基础

1.1 【是非题】作用在同一刚体上的两个力,使刚体处于平衡的必要和充分条件是:这两个力大小相等、方向相反、沿同一条直线。   （   ）

1.2 【是非题】静力学公理中,二力平衡公理和加减平衡力系公理适用于刚体。   （   ）

1.3 【是非题】静力学公理中,作用力与反作用力公理和力的平行四边形公理适用于任何物体。   （   ）

1.4 【是非题】二力构件是指两端用铰链连接并且只受两个力作用的构件。   （   ）

1.5 【是非题】空间力偶的等效条件是力偶矩大小相同和作用面方位相同。   （   ）

1.6 【是非题】力偶不能用一个力来平衡。   （   ）

1.7 【选择题】力偶矩矢是（   ）。

A. 标量

B. 定点矢量

C. 滑移矢量

D. 自由矢量

1.8 【选择题】刚体受三力作用而处于平衡状态,则此三力的作用线（   ）。

A. 必汇交于一点

B. 必互相平行

C. 必不在同一平面内

D. 必位于同一平面内

1.9 【选择题】如果力 F_R 是 F_1、F_2 两力的合力,用矢量方程表示为 $F_R = F_1 + F_2$,则三力大小之间的关系为（   ）。

A. 必有 $F_R = F_1 + F_2$

B. 不可能有 $F_R = F_1 + F_2$

C. 必有 $F_R > F_1$,$F_R > F_2$

D. 可能有 $F_R < F_1$,$F_R < F_2$

1.10 【选择题】正立方体的前侧面沿 AB 方向作用一力 F,则该力（   ）。

A. 对 x、y、z 轴之矩全相等

B. 对三轴之矩全不相等

C. 对 x、y 轴之矩相等

D. 对 y、z 轴之矩相等

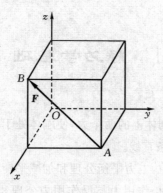

题 1.10 图

1.11 【填空题】空间力偶系平衡的几何条件是_____

_____。

1.12 【填空题】已知 $A(1,0,1)$、$B(0,1,2)$(长度单位为 m),$F=\sqrt{3}$ kN。则

力 F 对 x 轴的矩为_____;

力 F 对 y 轴的矩为_____;

力 F 对 z 轴的矩为_____。

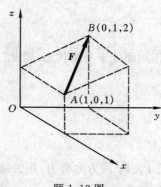

题 1.12 图

1.13 【填空题】已知力 F 和长方体的边长 a、b、c 及角 φ、θ,则力 F 对 AB 轴的力矩大小

为_____。

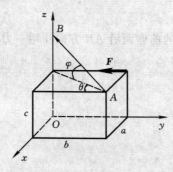

题 1.13 图

1.14 如图所示,圆的半径为 r,角 α、β、γ 均为已知,力 F 与圆共面,试求力 F 对点 A 的矩。

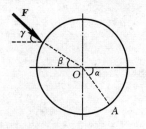

题 1.14 图

1.15 水平圆轮的直径 AD 上作用有垂直于 AD 且大小均为 100 N 的 4 个力 F_1、F_2、F_2'、F_1'，这 4 个力与 F_3、F_3' 平衡，F_3 与 F_3' 分别作用于 E、F 点，且 $F_3 = -F_3'$。试求力 F_3 的大小。

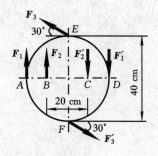

题 1.15 图

2 力系的简化

2.1 【是非题】当平面任意力系对某点的主矩为零时,该力系向任一点简化的结果必为一个合力。 （ ）

2.2 【是非题】平面任意力系向任一点简化,得到的主矢就是该力系的合力。 （ ）

2.3 【是非题】物体的重心和形心虽然是两个不同的概念,但它们的位置却总是重合的。 （ ）

2.4 【选择题】作用在刚体上的力是（ ）,力偶矩矢是（ ）,力系的主矢是（ ）。

A. 滑动矢量　　　　B. 固定矢量　　　　C. 自由矢量

2.5 【选择题】某平面内由一非平衡共点力系和一非平衡力偶系构成的力系最后可能（ ）。

A. 合成为一合力偶　　　　　　B. 合成为一合力

C. 相平衡　　　　　　　　　　D. 合成为一力螺旋

2.6 【选择题】正立方体的顶角上作用着 6 个大小相等的力,此力系向任一点简化的结果是（ ）。

A. 主矢等于零,主矩不等于零

B. 主矢不等于零,主矩也不等于零

C. 主矢不等于零,主矩等于零

D. 主矢等于零,主矩也等于零

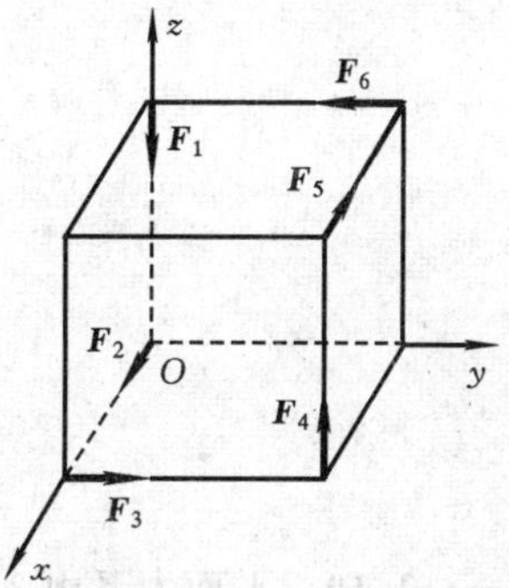

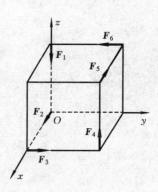

题 2.6 图

2.7 【选择题】某一平面平行力系各力的大小、方向和作用线位置如图所示。此力系的简化结果与简化中心的位置（ ）。

A. 无关　　　　　　　　　　B. 有关

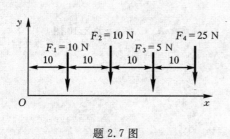

题 2.7 图

题 2.8 图

2.8 【选择题】在一个正方体上沿棱边作用 6 个力,各力的大小都等于 F,此力系的最终简化结果为（ ）。

A. 合力　　　　B. 平衡　　　　C. 合力偶　　　　D. 力螺旋

2.9 四面体的三条棱 AO、BO、CO 相互垂直，且 $\overline{AO}=\overline{BO}=\overline{CO}=a$，沿六条棱作用大小相等的力 F，方向如图。试将该力系向 O 点简化，并求出最终简化结果。

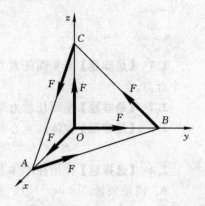

题 2.9 图

2.10 平面力系由 3 个力与 2 个力偶组成，已知 $F_1=1.5$ kN，$F_2=2$ kN，$F_3=3$ kN，$M_1=100$ N·m，$M_2=80$ N·m，图中尺寸的单位为 mm。求此力系简化的最后结果。

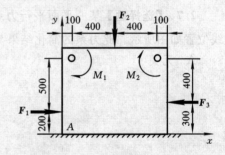

题 2.10 图

2.11　如图所示,平面任意力系向 O 点简化的主矩 $M_O=0$,如向 A 点简化的主矩 $M_A=2\ 000$ N·cm,又知该力系简化后的主矢在 x 轴上的投影为 $F'_{Rx}=500$ N。试求该力系的合成结果。

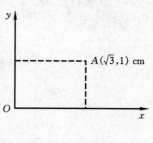

题 2.11 图

2.12　试求下列二平面图形的形心坐标。

(1) 某偏心块的截面,如图(a)所示。已知 $R=100$ mm,$r=17$ mm,$b=13$ mm。

(2) 某冲床床身的横截面,如图(b)所示。长度单位为 mm。

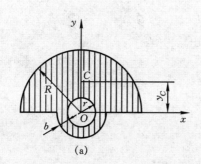

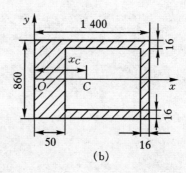

题 2.12 图

2.13 试求图中均质细杆的重心坐标。已知 $R=200$ mm，$a=100$ mm，$b=400$ mm。

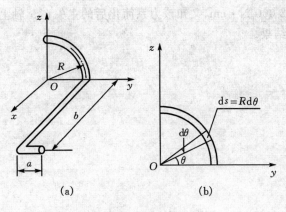

(a)　　　　　　　(b)

题 2.13 图

3　物体的受力分析

3.1　【填空题】力对物体的作用效应一般分为_____效应和_____效应。

3.2　【填空题】对非自由体的运动所预加的限制条件称为_____;约束力的方向总是与约束所能阻止的物体的运动趋势的方向_____;约束力由_____力引起,且随其改变而改变。

3.3　画出下列各物体的受力图。凡未特别注明者,物体的自重均不计,且所有的接触面都是光滑的。

(1)

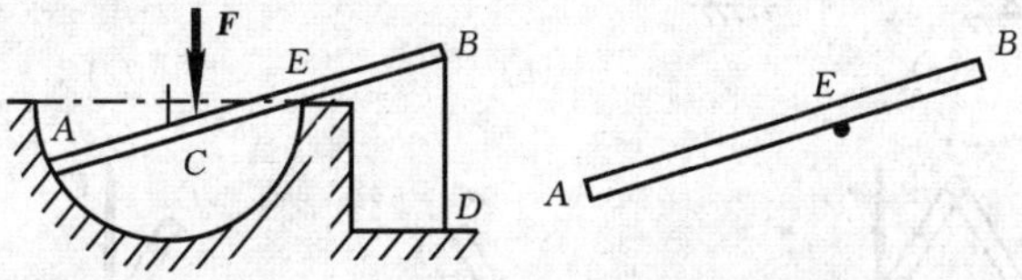

(a)　　　　　　　　(b)

(2)

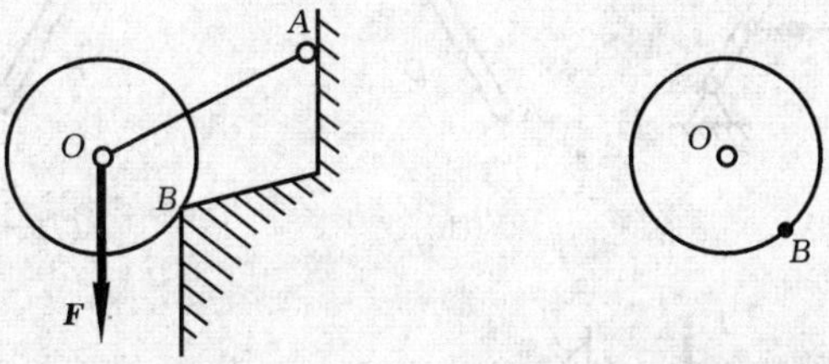

(a)　　　　　　　　(b)

(3)

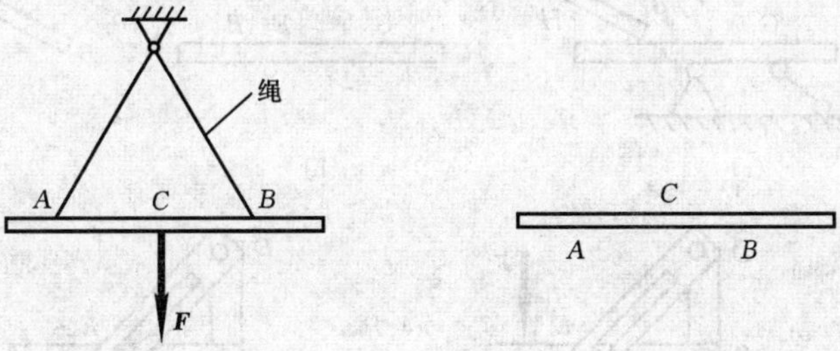

(a)　　　　　　　　(b)

(4)

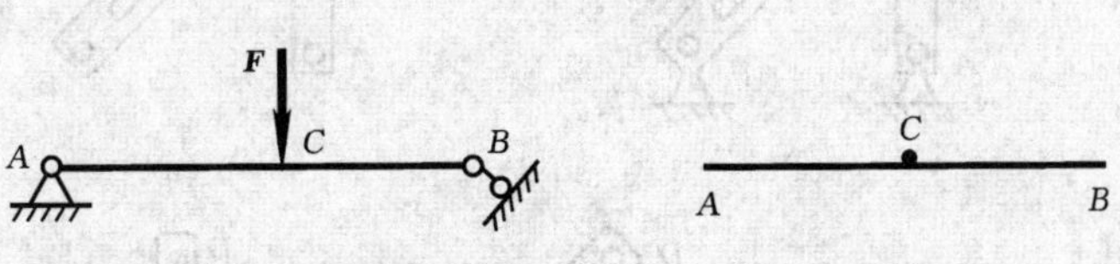

(a)　　　　　　　　(b)

(5)

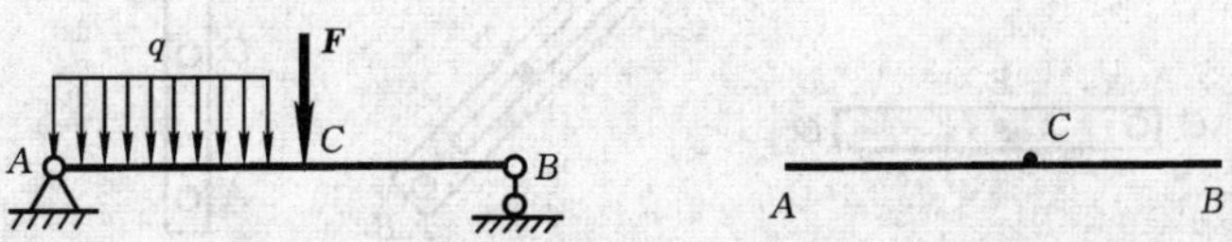

(a)　　　　　　　　(b)

题 3.3 图

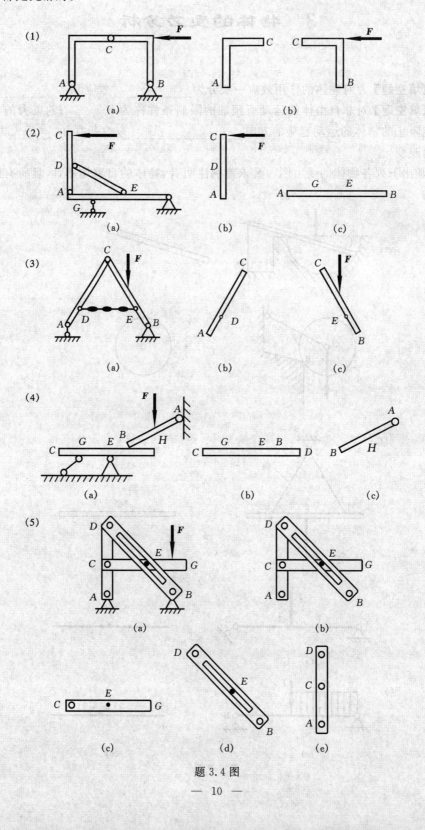

3.4 画出下列各图中指定物体的受力图。凡未特别注明者,物体的自重均不计,且所有的接触面都是光滑的。

(1)

    (a)   (b)

(2)

    (a)   (b)   (c)

(3)

    (a)   (b)   (c)

(4)

    (a)   (b)   (c)

(5)

    (a)   (b)

    (c)   (d)   (e)

题 3.4 图

4 力系的平衡

4.1 【是非题】图示平面平衡系统中,若不计定滑轮和细绳的重量,且忽略摩擦,则可以说作用在轮上的矩为 m 的力偶与重物的重力 F 相平衡。

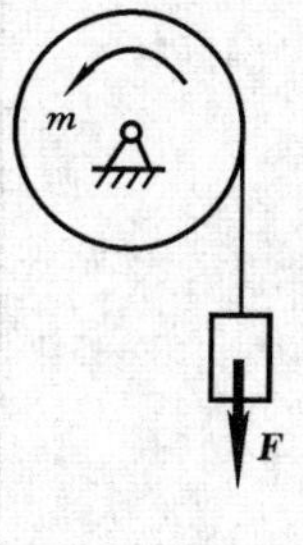

( )

4.2 【是非题】已知一刚体在 5 个力作用下处于平衡,若其中 4 个力的作用线汇交于 O 点,则第 5 个力的作用线必过 O 点。( )

4.3 【是非题】空间汇交力系有 3 个独立的平衡方程式。( )

4.4 【是非题】空间汇交力系的主矢为零,则该力系一定平衡。( )

4.5 【是非题】在任意力系中,若力多边形自行封闭,则该任意力系的主矢为零。

( )

题 4.1 图

4.6 【是非题】一空间力系,若一部分力的作用线通过固定点 A,其余的力作用线都通过固定点 B,则其独立的平衡方程式只有 5 个。( )

4.7 【是非题】若空间力系中各力的作用线都垂直某固定平面,则其独立的平衡方程最多有 3 个。( )

4.8 【是非题】一空间力系,对不共线的任意三点的主矩均等于零,则该力系平衡。

( )

4.9 【是非题】作用在刚体上平面任意力系的主矢是自由矢量,而该力系的合力(若有合力)是滑动矢量。这两个矢量大小相等、方向相同。( )

4.10 【是非题】若某一平面任意力系的主矢 $F_{R'} = \sum F_i = 0$,则该力系一定有一合力偶。

( )

4.11 【是非题】若一平面力系对某点之主矩为零,且主矢亦为零,则该力系为一平衡力系。

( )

4.12 【是非题】平面任意力系平衡的必要与充分条件是:力系的合力等于零。( )

4.13 【选择题】已知 F_1、F_2、F_3、F_4 为作用于刚体上的平面汇交力系,其力矢关系如图所示,由此可知( )。

A. 该力系的主矢 $F_R = 0$

B. 该力系的合力 $F_R = F_4$

C. 该力系的合力 $F_R = 2F_4$

D. 该力系平衡

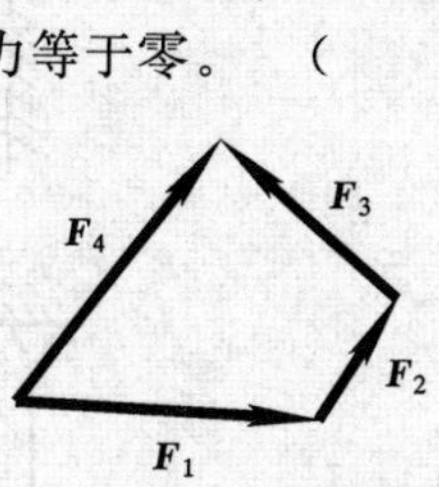

题 4.13 图

4.14 【选择题】关于平面力系与其平衡方程式,下列的表述中正确的是( )。

A. 任何平面力系都具有三个独立的平衡方程式

B. 任何平面力系只能列出三个平衡方程式

C. 在平面力系的平衡方程的基本形式中,两个投影轴必须相互垂直

D. 平面力系如果平衡,则该力系在任意选取的投影轴上投影的代数和必为零

4.15 【填空题】填写下表。

力系名称		平衡方程的基本形式	独立方程数目
空间力系	任意力系		
	平行力系		
	汇交力系		
	力偶系		
平面力系	任意力系		
	平行力系		
	汇交力系		
	共线力系		
	力偶系		

4.16 【填空题】平面任意力系平衡方程的二矩式是_____,应满足的附加条件是_____。平面任意力系平衡方程的三矩式是_____,应满足的附加条件是_____。

4.17 【填空题】平面汇交力系平衡的几何条件是_____;平衡的解析条件是_____。

4.18 【填空题】判断图示各平衡结构是静定的,还是超静定的,并确定超静定次数。

图(a) _____,

图(b) _____,

图(c) _____,

图(d) _____,

图(e) _____。

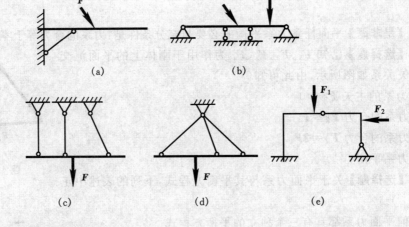

题 4.18 图

4.19 挂物架的 O 点为一球形铰链，不计杆重。OBC 为一水平面，且 $\overline{OB}=\overline{OC}$。若在 O 点挂一重物重 $F=1$ kN,试求三根直杆的内力。

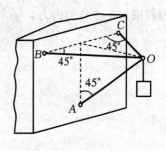

题 4.19 图

4.20 空间结构由六根直杆铰接而成。A 点作用一力 $\boldsymbol{F}$,且该力在由矩形 $ABDC$ 构成的平面内。$\triangle EAK=\triangle FBM$。等腰三角形 EAK、FBM、NDB 在顶点 A、B、D 处均为直角,且 $\overline{EC}=\overline{CK}=\overline{FD}=\overline{DM}$。若 $F=10$ kN,不计各杆自重,试求各杆内力。

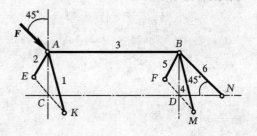

题 4.20 图

4.21 图示均质正方形边长为 L 的薄板,其中心挖去一直径为 $L/2$ 的圆孔。已知单位面积重为 $\gamma = 1\,000$ N/m²,$\overline{A_1D_1} = \overline{AD} = \overline{AA_1} = \overline{D_1D} = 1$ m。若不计各杆的重量,试求球铰链 A 的约束力及各杆的内力。

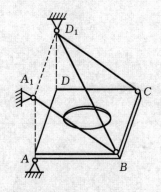

题 4.21 图

4.22 电动铰车等速提升重 $F = 10$ kN 的设备 G。电动机传动链条主动边和从动边的张力分别为 F_{T1} 和 F_{T2},且 $F_{T1} = 2F_{T2}$,两力与水平方向的 x 轴的夹角均为 $30°$。链轮和鼓轮的半径分别为 $R = 200$ mm,$r = 100$ mm。试求轴承 A 和 B 处的约束力及链条的张力。不计铰车链轮和鼓轮的重量。

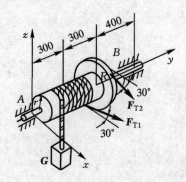

题 4.22 图

— 14 —

4.23　如图所示,曲杆 $ABCD$ 的 ABC 段在水平面内,BCD 段在铅垂面内,杆的 D 端用球铰链固定,而 A 端用径向轴承支持,杆上分别作用有矩为 M_1、M_2、M_3 的力偶,它们的作用面分别垂直于 AB、BC、CD 段。假定力偶矩 M_2 和 M_3 的大小已知,不计曲杆重量,试求 M_1 的大小和铰链 D 与轴承 A 的约束力。

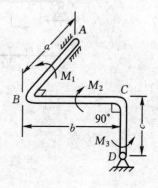

题 4.23 图

4.24　压榨机构由 AB、BC 两杆和压块用铰链连接组成,A、C 两铰链位于同一水平线上。当在 B 处作用有铅垂力 $F=0.3$ kN,且 $\alpha=8°$ 时,求被压榨物 D 所受的压榨力。不计压块与支撑面间的摩擦及杆的自重。

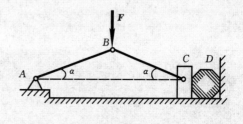

题 4.24 图

4.25 求下列图中各梁的支座约束力。已知图(a)中,$M = 150 \ \text{kN} \cdot \text{m}$,$F = 40 \ \text{kN}$;图(b)中,$F = 20 \ \text{kN}$,$q = 10 \ \text{kN/m}$。

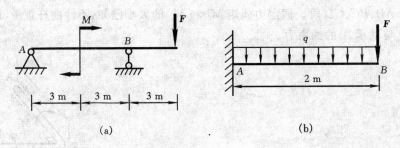

(a)   (b)

题 4.25 图

4.26 图示结构由 AC、BC 及 DE 三根无重杆铰接而成,其中 $\overline{AB} = \overline{BC} = \overline{AC} = l$,$D$、$E$ 分别是 AC 和 BC 的中点。C 点作用有水平力 F,DE 杆上作用一矩为 M 的力偶。试求支座 A、B 的约束力。

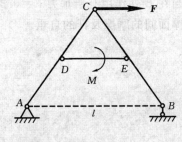

题 4.26 图

4.27 行动式起重机(不计平衡锤)的重量 $F_1 = 500$ kN,其重力作用线距右轨 1.5 m。起重机的起重重量 $F_2 = 250$ kN,起重臂伸出离右轨 10 m。要使跑车满载和空载时在任何位置起重机都不会翻倒,求平衡锤的最小重量 F_3 以及平衡锤到左轨的最大距离 x,跑车重量略去不计。

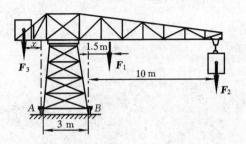

题 4.27 图

4.28 平面构架由 AB、BC、CD 三杆用铰链 B 和 C 连接,其他支撑及载荷如图所示。力 F 作用在 CD 杆的中点 E 处。已知 $F = 8$ kN,$q = 4$ kN/m,$a = 1$ m,各杆自重不计。求固定端 A 处的约束力。

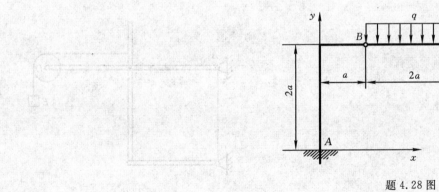

题 4.28 图

4.29 如图所示,无底的圆柱形空筒放在光滑的固定面上,内放两个均质重球,设每个球重皆为 F,半径为 r,圆筒的半径为 R。若不计各接触面的摩擦和筒壁厚度,求圆筒不致翻倒的最小重量。

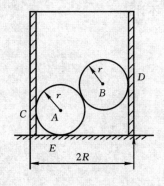

题 4.29 图

4.30 在图示支架中,水平直杆 AD 和直角析杆 BC 在 C 处铰接,$\overline{AB}=\overline{AC}=\overline{CD}=l=1$ m,滑轮半径 $r=0.3$ m。不计各杆和滑轮的重量。若重物 E 重为 $F=100$ kN,求支架平衡时支座 A、B 的约束力。

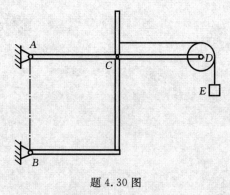

题 4.30 图

4.31 平面构架如图所示。C、D 处均为铰链连接，BH 杆上的销钉 B 置于 AC 杆的光滑槽内，力 $F=200$ N，力偶矩 $M=100$ N·m，$\overline{AB}=\overline{BC}=0.8$ m。不计各构件重量，求 A、B、C 处所受的约束力。

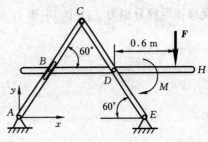

题 4.31 图

4.32 重为 981 N、半径为 400 mm 的钢管置于倾角为 20°的斜面上。若用一 L 形推板将其沿斜面拖动。略去 L 形推板的自重及滑道内的摩擦,已知推板与钢管之间的静滑动摩擦因数和动滑动摩擦因数分别为 $f_{s1}=0.45$ 和 $f_1=0.4$,钢管与斜面之间的静滑动摩擦因数和动滑动摩擦因数分别为 $f_{s2}=0.18$ 和 $f_2=0.15$。试求拖动力 F 的最小值。

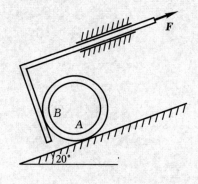

题 4.32 图

5 杆件的内力

5.1 【是非题】受力杆件任意截面上必存在内力。 （　　）

5.2 【是非题】纵向受拉力作用的杆件,其内力为轴向拉力 （　　）

5.3 【是非题】受外力偶作用的杆件,其内力表现力扭矩。 （　　）

5.4 【是非题】杆件受到集中载荷作用,对应的内力只能是轴力。 （　　）

5.5 【是非题】杆件受到外力偶作用,一定引起内力偶。 （　　）

5.6 【是非题】杆件受到集中载荷作用,可能引起内力偶。 （　　）

5.7 【是非题】弯曲变形为主的梁,其横截面上剪力与弯矩必然同时存在。 （　　）

5.8 【是非题】平面桁架基本组成单元为三角形,各杆件必然存在内力。 （　　）

5.9 试作图示杆件的内力图。

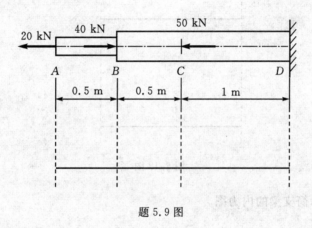

题 5.9 图

5.10 试作图示杆件的内力图。

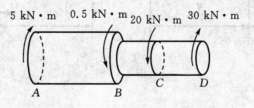

图 5.10 图

5.11 试作出图示梁的内力图。

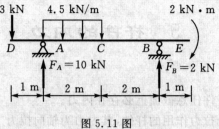

图 5.11 图

5.12 试画出图示简支梁的剪力图和弯矩图。已知 F、a。

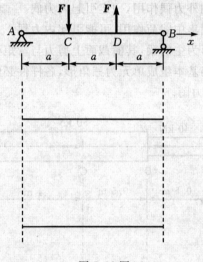

图 5.12 图

5.13 试作图示简支梁的内力图。

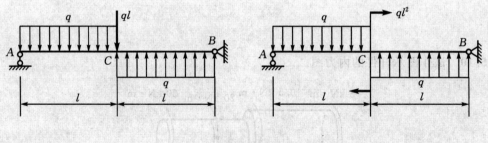

图 5.13 图

5.14 【是非题】桁架中内力为零的杆称为零力杆。零力杆仅在特定载荷下才不受力,如果载荷改变,该杆则可能受力。　　　　　　　　　　　　　　　　　　　　　　　（　　　）

5.15 【填空题】不经计算,试判定图示各桁架中的零力杆。

图(a)中的(　　　　　　　　　　)号杆是零力杆,

图(b)中的(　　　　　　　　　　)号杆是零力杆,

图(c)中的(　　　　　　　　　　)号杆是零力杆。

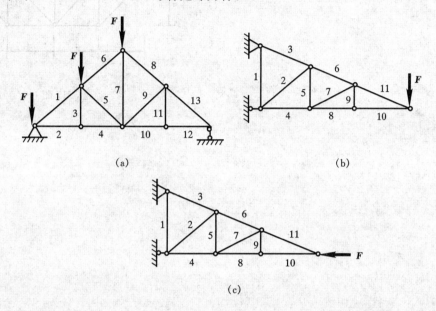

题 5.15 图

5.16 平面桁架所受的载荷如图所示。求杆 1、杆 2、杆 3 的内力。

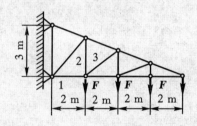

题 5.16 图

5.17 桁架受力如图所示,已知 $F_1=10$ kN, $F_2=F_3=20$ kN。试求 4、5、7、10 各杆的内力。

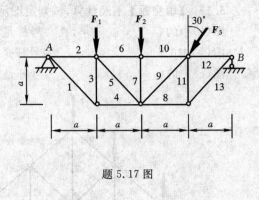

题 5.17 图

6　拉压杆的强度和变形

6.1 【是非题】抽向拉伸杆件任意截面上只有正应力。　　　　　　　　　　（　　）

6.2 【是非题】形状和尺寸相同的钢杆和铝杆，外力大小、作用方式和位置相同，两者同一横截面上的应力大小相同。　　　　　　　　　　　　　　　　　　　　　　　　（　　）

6.3 【是非题】根据胡克定理 $\sigma = E\varepsilon$，在外载作用不变的情况下，将铝杆改为钢杆，杆件横截面上最大正应力会降低。　　　　　　　　　　　　　　　　　　　　　　　　（　　）

6.4 【是非题】根据胡克定理 $\sigma = E\varepsilon$，在外截作用不变的情况下，可以将铝杆改为钢杆实现减小杆件变形。　　　　　　　　　　　　　　　　　　　　　　　　　　　（　　）

6.5 【是非题】低碳钢经过冷作硬化后，可以提高其断裂强度。　　　　　　（　　）

6.6 【是非题】塑性材料拉伸时屈服阶段表现为应力小幅波动，而应变显著变化。

　　　　　　　　　　　　　　　　　　　　　　　　　　　　　　　　　　　（　　）

6.7 【选择题】内力与应力的关系为（　　）。

A. 内力大于应力　　　　　　　　　　B. 内力等于应力的代数和

C. 内力为矢量，应力为标量　　　　　D. 应力是分布内力的集度

6.8 【选择题】杆件受载状况和截面积各保持不变，下列哪种措施不能有效提高塑性材质杆件的强度（　　）。

A. 铜杆变为钢杆　　B. 改变截面形状　　C. 冷作硬化　　D. 普通钢材改为高强度钢材

6.9 【选择题】加工硬化后，材料发生变化的性能是（　　）。

A. 弹性模量　　　　B. 比例极限　　　　C. 断裂强度　　　D. 断裂伸长率

6.10 【选择题】影响杆件工作应力的因素（　　）。

A. 载荷　　　　　　B. 材料性质　　　　C. 安全因数　　　D. 工作条件

6.11 【选择题】受拉杆件长度、横截面积形状和尺寸不变，载荷总大小不变，集中载荷变为分布载荷，不会引起（　　）变化。

A. 最大应力　　　　B. 总变形量　　　　C. 轴力图　　　　D. 变形能

6.12 【选择题】杆件长度、横截面积尺寸不变，载荷总大小不变，既能有效提高强度又能改善刚度的措施是（　　）。

A. 铜杆变为钢杆　　B. 集中载荷变为分布载荷　　C. 冷作硬化　　D. 改变横截面形状

6.13 【选择题】图示直杆，其抗拉刚度为 EA，则杆件 B 点的位移 δ_B 与 C 点的位移 δ_C 的关系为（　　）。

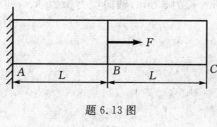

题 6.13 图

A. $\delta_B = \delta_C$ B. $\delta_B > \delta_C$ C. $\delta_B < \delta_C$ D. 不确定

6.14 【选择题】等直杆受力如图所示,则横截面 $m-m$ 上的轴力为( )。

A. -5 kN   B. 4 kN   C. -9 kN   D. 9 kN

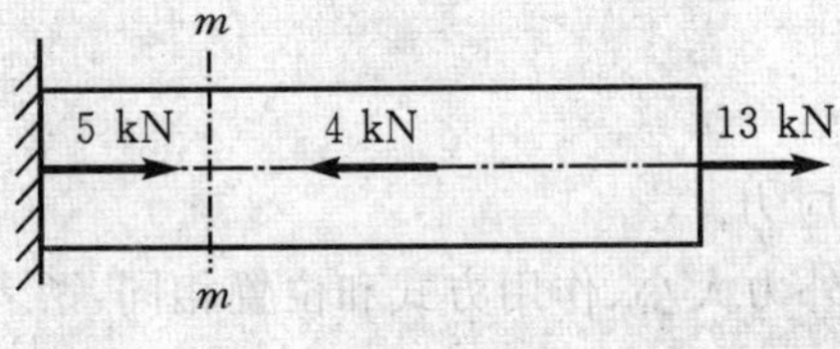

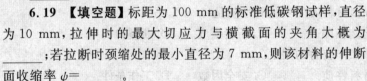

题 6.14 图 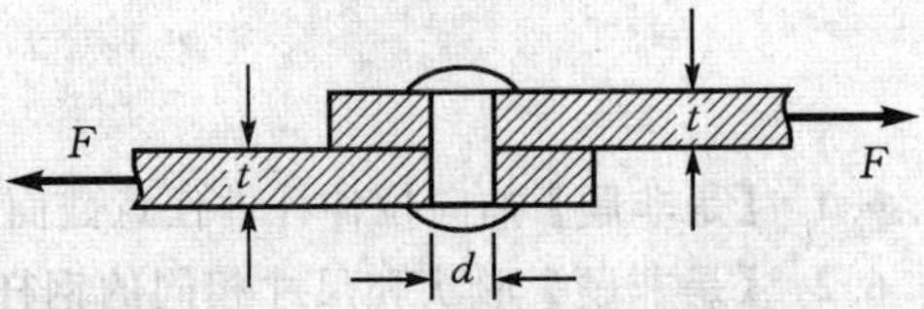   题 6.15 图

6.15 【选择题】在连接件的实用计算中,图示柳钉的剪切面与挤压面面积分别为( )。

A. πd、dt B. $\dfrac{\pi d^2}{4}$、$\dfrac{\pi dt}{2}$ C. πd、$\dfrac{\pi dt}{2}$ D. $\dfrac{\pi d^2}{4}$、dt

6.16 【选择题】图示拉杆头和拉杆的横截面均为圆形,拉杆头的剪切面积 $A_s = ($)。

A. πDh B. πdh

C. $\pi d^2 / 4$ D. $\pi(D^2 - d^2)/4$

6.17 【填空题】极限应力 σ_u,对于塑性材料指_____,脆性材料指_____。

6.18 【填空题】低碳钢在常温静载下拉伸时,出现滑移线对应_____阶段。

6.19 【填空题】标距为 100 mm 的标准低碳钢试样,直径为 10 mm,拉伸时的最大切应力与横截面的夹角大概为_____;若拉断时颈缩处的最小直径为 7 mm,则该材料的伸断面收缩率 $\psi = $_____。

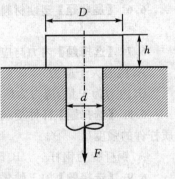

题 6.16 图

6.20 【填空题】图示阶梯状拉杆,各段长度均为 l,则最大应力为_____,总变形为_____。

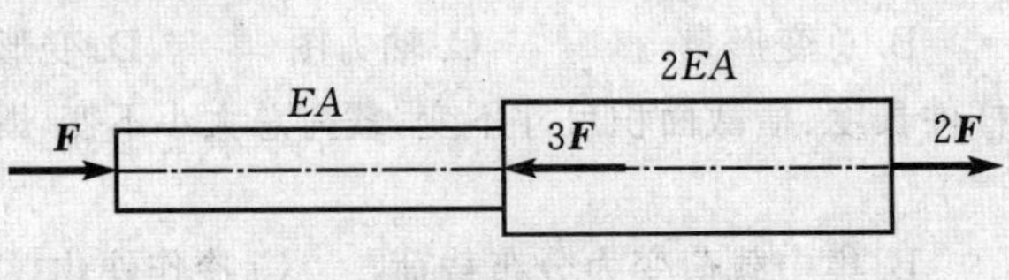

题 6.20 图

6.21 拉杆直径为 15 mm,长为 3 mm,轴向拉力为 20 kN,伸长量为 2 mm,求横截面上的应力与杆件弹性模量。

6.22 简易吊车如图所示,水平刚性杆 BC 长 l,斜杆 AB。两杆材质相同,且许用拉应力与许用压应力相同。当两杆应力同时达到许用值,且结构重量最小时,AB 杆长应为多少?

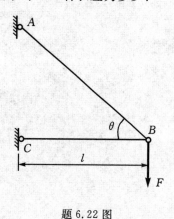

题 6.22 图

6.23 图示 CF 为刚性杆,BC 为铜杆,DF 为钢杆,两杆横截面积分别为 A_1、A_2,弹性模量为 E_1、E_2。如要使 CF 始终保持水平,求 x。

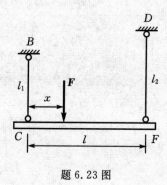

题 6.23 图

6.24 试校核图示拉杆头部的剪切强度和挤压强度。已知 $D=32\text{ mm}, d=20\text{ mm}, h=12\text{ mm}$，剪切许用应力 $[\tau]=100\text{ MP}_a$，挤压许用应力 $[\sigma_{jy}]=240\text{ MPa}, F=50\text{ kN}$。

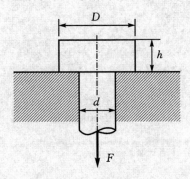

题 6.24 图

7 圆轴扭转时的强度和刚度

7.1 【是非题】受扭圆轴任意截面上只存在剪应力。 （　）

7.2 【是非题】长度和截面大小相同的圆截面钢杆和铜杆,在相同扭矩下,两杆端部横截面上对应的转角相同。 （　）

7.3 【是非题】空心受扭圆轴,其横截面上内表面处无剪应力。 （　）

7.4 【是非题】横截面大小相同的圆截面钢杆和铜杆,在相同扭矩下,横截面最大切应力相同。 （　）

7.5 【是非题】在单元体相互垂直的两个截面上,切应力大小不一定相等。 （　）

7.6 【是非题】横截面大小相同的圆截面钢杆和铜杆,在相同扭矩下,应变能密度相同。 （　）

7.7 【选择题】受扭圆轴,上面作用的扭矩 T 不变,当直径减小一半时,该截面上的最大切应力与原来的最大切应力之比为（　）。

A. 2 　　　　　　　B. 4 　　　　　　　C. 6 　　　　　　　D. 8

7.8 【选择题】根据切应力互等定理,图示的各单元体上的切应力正确的是（　）。

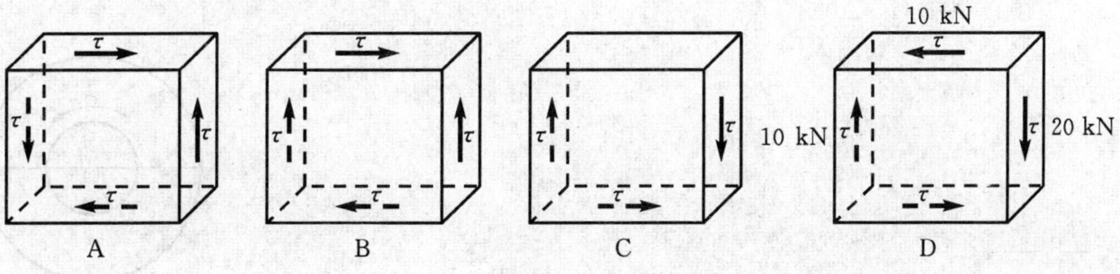

题 7.8 图

7.9 【选择题】若将受扭圆轴的直径不变、长度不变,材料由钢变为铝,则该轴单位长度上的转角（　）。

A. 不变 　　　　　B. 增大 　　　　　C. 减小 　　　　　D. 无法判断

7.10 【选择题】若将受扭圆轴的横截面积增加一倍,则该轴单位长度上的转角是原来的（　）倍。

A. 16 　　　　　　B. 8 　　　　　　　C. 1/16 　　　　　D. 1/4

7.11 【选择题】以下哪种措施不能同时有效改善受扭圆轴的承载能力和刚度（　）。

A. 铜杆变为钢杆

B. 增大截面尺寸

C. 冷作硬化

D. 保持横截面积不变,实心变为空心

7.12 受扭圆轴由实心杆 1 和空心杆 2 紧配合而成,受扭时两部分无相对滑动,两杆材料相同,剪切模量 $G_1 = 2G_2$,试绘出切应力沿水平直径的变化图,并给出结合处两杆的切应力关系。

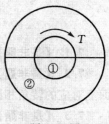

题 7.12 图

7.13 空心圆截面横截面上的扭矩 T 方向如图所示,试画出沿水平直径上的切应力分布图。

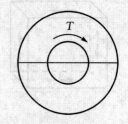

题 7.13 图

7.14　如图所示，AB 为空心圆轴，直径 $d_1=100$ mm，BC 段为实心圆轴，内径 $d_2=70$ mm，外径 $D_2=140$ mm。已知外力偶矩 $M_A=18$ kN·m，$M_B=32$ kN·m，$M_C=14$ kN·m，$[\tau]=70$ GPa。试校核该轴的强度。

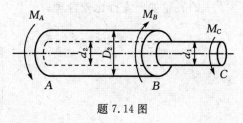

题 7.14 图

7.15　图示圆轴实心部分直径为 200 mm，空心部分直径为 10 mm，$[\tau]=50$ GPa，求许可载荷 M。

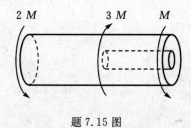

题 7.15 图

7.16 传动轴转速为 $500\ \text{r/min}$，主动轮 1 输入功率 $P_1 = 367.8\ \text{kW}$，从动轮 2、3 输出功率分别为 $P_2 = 147.15\ \text{kW}$，$P_3 = 220.65\ \text{kW}$，$[\tau] = 70\ \text{GPa}$，$G = 80\ \text{GPa}$。

(1)试确定 AB 段直径 d_1 和 BC 段直径 d_2。

(2)各轮如何安排比较合理。

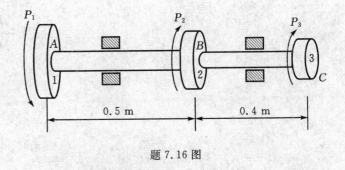

题 7.16 图

8 梁的强度和刚度

8.1 【是非题】使静矩等于零的轴为对称轴。 （　　）

8.2 【是非题】在正交坐标系中,设平面图形对 y 轴和 z 轴的惯性矩分别为 I_y 和 I_z,则图形对坐标原点的极惯性矩为 $I_p = I_y^2 + I_z^2$。 （　　）

8.3 【是非题】若一对正交坐标轴中,有一轴为图形的对称轴,则图形对这对轴的惯性积一定为零。 （　　）

8.4 【是非题】图示正方形截面,因图形只有两对对称轴,所以图形也只有两对形心主惯性轴。 （　　）

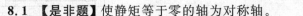

8.5 【选择题】图示半圆形,若圆心位于坐标原点,则（　　）。

A. $S_y = S_z$, $I_y \neq I_z$

B. $S_y = S_z$, $I_y = I_z$

C. $S_y \neq S_z$, $I_y \neq I_z$

D. $S_y \neq S_z$, $I_y = I_z$

题 8.4 图

8.6 【选择题】在题 8.5 图中,若整个圆形对其直径的惯性矩为 I,则半圆形的（　　）。

A. $I_y = \dfrac{I}{2}$, $I_z \neq \dfrac{I}{2}$

B. $I_y \neq \dfrac{I}{2}$, $I_z = \dfrac{I}{2}$

C. $I_y = I_z = \dfrac{I}{2}$

D. $I_y \neq \dfrac{I}{2}$, $I_z \neq \dfrac{I}{2}$

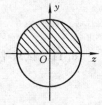

题 8.5 图

8.7 【选择题】设图示截面对 y 轴和 z 轴的惯性矩分别为 I_y 和 I_z,则二者的大小关系是（　　）。

A. $I_y < I_z$

B. $I_y = I_z$

C. $I_y > I_z$

D. 不确定

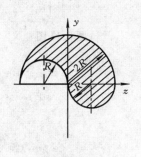

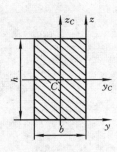

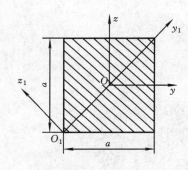

题 8.7 图　　　　　　题 8.8 图　　　　　　题 8.9 图

8.8 【填空题】图示矩形截面对 y 轴、z 轴的静矩 $S_y =$ _____;惯性矩 $I_y =$ _____, $I_z =$ _____;惯性积 $I_{yz} =$ _____。

8.9 【填空题】边长为 a 的正方形对图示坐标轴的轴惯性矩 $I_y =$ _____, $I_z =$ _____, $I_{y_1} =$ _____, $I_{z_1} =$ _____;惯性积 $I_{yz} =$ _____, $I_{y_1 z_1} =$ _____。

8.10 试求图示半圆形对 y 轴的静矩、惯性矩和对 y_1 轴的惯性矩。

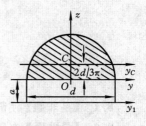

题 8.10 图

8.11 试求平面图形对其形心轴 y、z 的静矩、惯性矩和惯性积。

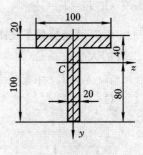

题 8.11 图

8.12 图示由两个 20a 槽钢组成的组合截面,如欲使此截面对于两个对称轴的惯性矩 $I_y=I_x$,则两槽钢的间距 a 应为多少?

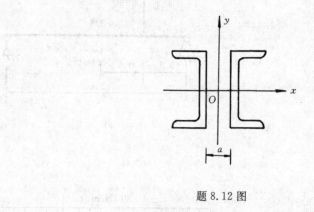

题 8.12 图

8.13 【是非题】在等截面梁中,正应力绝对值的最大值 $|\sigma|_{max}$ 必出现在弯矩值 $|M|_{max}$ 最大的截面上。 （　）

8.14 【是非题】控制梁弯曲强度的主要因素是最大弯矩值。 （　）

8.15 【选择题】在梁的正应力公式 $\sigma=\dfrac{M}{I_z}y$ 中,I_z 为梁截面对于（　　）的惯性矩。

A. 形心轴　　　B. 对称轴　　　C. 中性轴　　　D. 形心主惯性轴

8.16 【选择题】对于矩形截面的梁,以下结论中（　　）是错误的。

A. 出现最大正应力的点上,剪应力必为零

B. 出现最大剪应力的点上,正应力必为零

C. 最大正应力的点和最大剪应力的点不一定在同一截面上

D. 梁上不可能出现这样的截面,即该截面上最大正应力和最大剪应力均为零

8.17 【选择题】倒 T 形等直梁,两端受力偶矩 M 作用,翼缘受拉。以下结论中（　　）是错误的。

A. 梁截面的中性轴通过形心

B. 梁的最大压应力出现在截面的上边缘

C. 梁的最大压应力与梁的最大拉应力数值不等

D. 梁内最大压应力的值（绝对值）小于最大拉应力

8.18 【填空题】横力弯曲时,梁截面上的最大正应力发生在 ＿＿＿＿＿＿＿＿ 处,梁截面上的最大剪应力发生在 ＿＿＿＿＿＿＿＿ 处。矩形截面的最大剪应力是平均剪应力的 ＿＿＿＿ 倍。

8.19 【填空题】矩形截面梁,若高度增大一倍（宽度不变）,其抗弯能力增大 ＿＿＿＿ 倍;若宽度增大一倍（高度不变）,其抗弯能力增大 ＿＿＿＿ 倍;若截面面积增大一倍（高宽比不变）,其抗弯能力增大 ＿＿＿＿ 倍。

8.20 【填空题】从弯曲强度的角度考虑,梁的合理截面应使其材料分布远离 ＿＿＿＿ 。

8.21 求各图中 $m-m$ 截面上 A、B、C、D 四点的正应力及最大正应力。

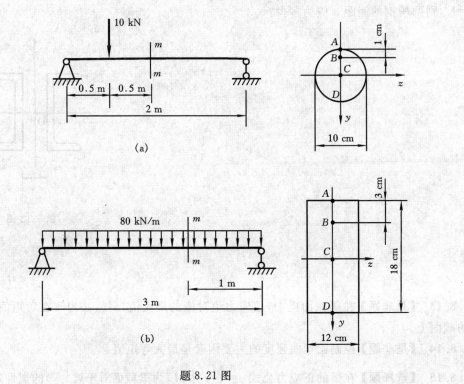

(a)

(b)

题 8.21 图

8.22　一 T 形截面的外伸梁如图所示,已知:$l=600$ mm,$a=40$ mm,$b=30$ mm,$c=80$ mm,$F_1=24$ kN,$F_2=9$ kN,材料的许用拉应力$[\sigma^+]=30$ MPa,许用压应力$[\sigma^-]=90$ MPa。试校核梁的强度。

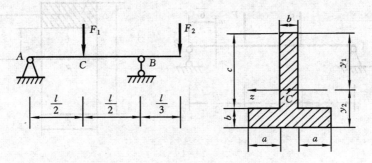

题 8.22 图

8.23 一矩形截面简支梁如图所示。已知 $l=3$ m，$h=160$ mm，$b=100$ mm，$h_1=40$ mm，$y_0=60$ mm，$F=3$ kN，求 $m-m$ 截面上 g、k、p 三点的切应力。

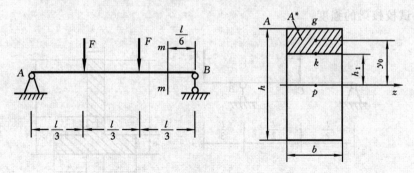

题 8.23 图

8.24 图示简支梁由四块尺寸相同的木板胶接而成。已知 $F=4$ kN,$l=400$ mm,$b=50$ mm,$h=80$ mm,胶缝的许用切应力$[\tau]=3$ MPa,木板的许用应力$[\sigma]=7$ MPa。试校核梁的强度(假设木板材料的许用切应力大于胶缝的许用切应力)。

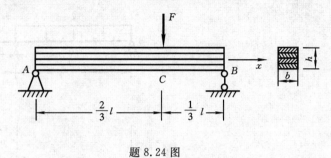

题 8.24 图

8.25 图示工字钢外伸梁，$l=4\,\text{m}$，$q=20\,\text{kN/m}$，$F=10\,\text{kN}$，材料的 $[\sigma]=160\,\text{MPa}$，$[\tau]=100\,\text{MPa}$，试选择工字钢型号。

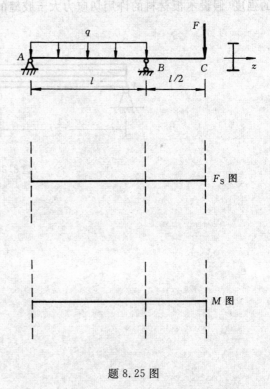

题 8.25 图

8.26 【是非题】梁的挠曲线近似微分方程式为 $EIy'' = -M(x)$。　　　　　　　（　　）

8.27 【是非题】简支梁的抗弯刚度 EI 相同,在梁中间受载荷 F 相同,当梁的跨度增大一倍后,其最大挠度增加四倍。　　　　　　　　　　　　　　　　　　　（　　）

8.28 【是非题】当一个梁同时受几个力作用时,某截面的挠度和转角就等于每一个力单独作用下该截面的挠度和转角的代数和。　　　　　　　　　　　　　　　　（　　）

8.29 【选择题】等截面直梁在弯曲变形时,挠曲线的最大曲率发生在（　　）处。

A. 挠度最大　　　B. 转角最大　　　C. 剪力最大　　　D. 弯矩最大

8.30 【选择题】两简支梁,一根为钢,一根为铜,已知它们的抗弯刚度相同。跨中作用有相同的力 F,二者（　　）不同。

A. 约束力　　　B. 最大正应力　　　C. 最大挠度　　　D. 最大转角

8.31 【选择题】某悬臂梁其刚度为 EI,跨度为 l,自由端作用有力 F。为减小最大挠度,则下列方案中最佳方案是（　　）。

A. 梁长改为 $\frac{1}{2}l$,惯性矩改为 $\frac{1}{8}I$ 　　　　　　B. 梁长改为 $\frac{3}{4}l$,惯性矩改为 $\frac{1}{2}I$

C. 梁长改为 $\frac{5}{4}l$,惯性矩改为 $\frac{3}{2}I$ 　　　　　　D. 梁长改为 $\frac{3}{2}l$,惯性矩改为 $\frac{1}{4}I$

8.32 【填空题】用积分法求简支梁的挠曲线方程时,若积分需分成两段,则会出现_____个积分常数,这些积分常数需要用梁的_____条件和_____条件来确定。

8.33 【填空题】叠加原理的使用条件是_____。

8.34 【填空题】提高梁的刚度措施为_____、_____
_____。

8.35 已知图示阶梯梁的 M、l、E 和 I。试用积分法求 θ_A、w_A 和 θ_C、w_C。

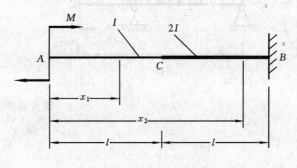

题 8.35 图

8.36 已知图示外伸梁 ABC 的 q 及 l, EI 为常数。求 C 点的挠度 w_C。

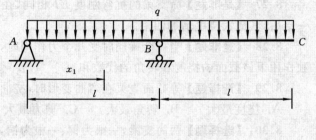

题 8.36 图

8.37 试用叠加原理求图示各外伸梁外伸端的挠度 w_C 和转角 θ_C。

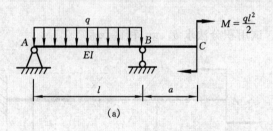

题 8.37 图

8.38 已知图示梁 AB 的 q、a 和 EI。试用叠加法求截面 C 的转角 θ_C 和 C 点处的挠度 w_C。

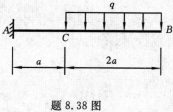

题 8.38 图

8.39 试用叠加原理求图示各梁截面 A 的挠度和截面 B 的转角。设梁的 EI 为常数。

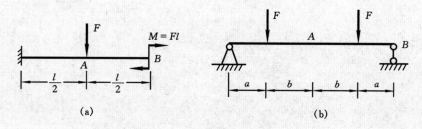

(a)   (b)

题 8.39 图

8.40 已知图示外伸梁的 F、l_1、l_2、EI。试用叠加法计算 w_D、w_C、θ_C。

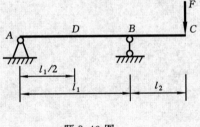

题 8.40 图

9　应力状态和强度理论

9.1　【是非题】纯切应力状态是二向应力状态。　　　　　　　　　　　（　　）

9.2　【是非题】平面应力状态即二向应力状态,空间应力状态亦即三向应力状态。

（　　）

9.3　【是非题】对于一个平面应力状态而言,任意相互垂直的两个斜截面上的正应力之和是一个常数。　　　　　　　　　　　　　　　　　　　　　　（　　）

9.4　【是非题】一点沿某方向的正应力为零,则该点在该方向上线应变也必为零。

（　　）

9.5　【是非题】轴向拉(压)杆内各点均为单向应力状态。

（　　）

9.6　【选择题】图示单元体所描述的某点应力状态为平面应力状态,则该点所有斜方向的切应力中最大切应力为（　　）。

A. 15 MPa　　　　B. 65 MPa

C. 40 MPa　　　　D. 25 MPa

9.7　【选择题】图示各单元体中（　　）为单向应力状态,而（　　）为纯切应力状态。

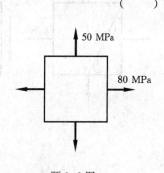

题 9.6 图

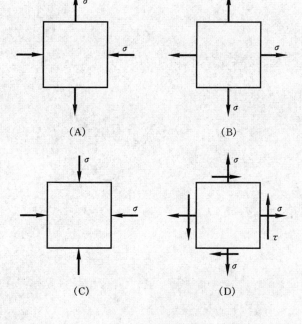

题 9.7 图

9.8 【选择题】在单元体斜截面上的正应力与切应力的关系中（　　　）。

A. 正应力最小的面上切应力必为零

B. 最大切应力面上的正应力必为零

C. 正应力最大的面上切应力也最大

D. 最大切应力面上的正应力却最小

9.9 【填空题】最大切应力所在平面一定与 σ_2 方向_____，且和___及___方向夹角为 45°。

9.10 【填空题】各斜截面上的应力是斜方向 α 的周期性函数，其周期为_____度，此斜方向上正应力的极值为_____。

9.11 试求下述单元体中指定斜截面上的应力。图中应力单位为 MPa。

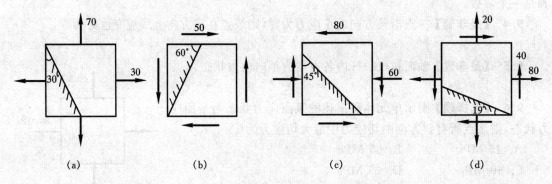

(a)　　　　　　(b)　　　　　　(c)　　　　　　(d)

题 9.11 图

9.12 试求题 9.11 图中所示(b)、(c)、(d)单元体的主应力并在原单元体中画出主平面位置,求出最大切应力的值。

9.13 【填空题】试画出图示各应力圆所对应的单元体并指出其应力状态:图(a)_____
_____,图(b)_____,图(c)_____。

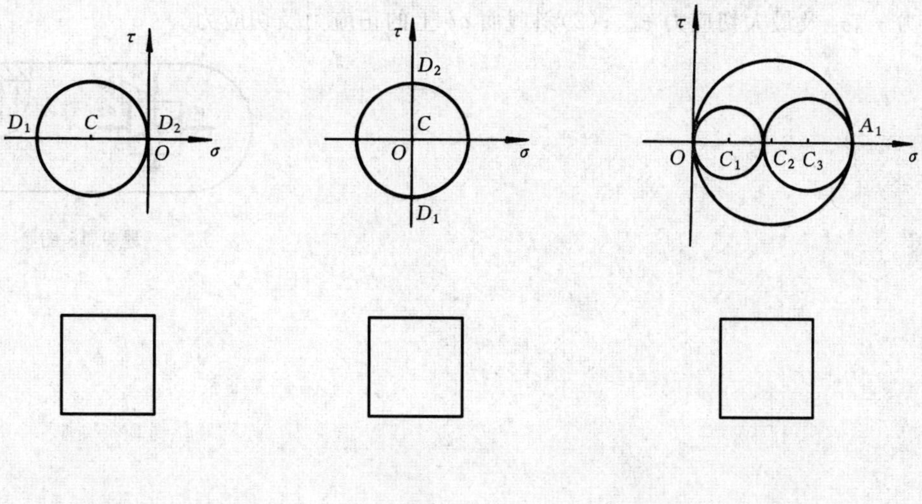

题 9.13 图

9.14 图示已知应力状态中应力单位为 MPa。试用解析法求:(1)主应力的大小和主平面的位置;(2)在单元体上绘出主平面的位置及主应力方向;(3)最大切应力。

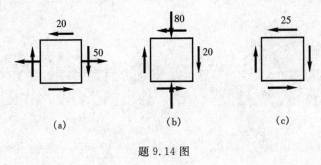

题 9.14 图

9.15 图示锅炉的内径 $d=1$ m,壁厚 $\delta=10$ mm,内受蒸汽压力 $p=3$ MPa。试求:(1)壁内主应力 σ_1、σ_2 及最大切应力 τ_{max};(2)斜截面 ab 上的正应力及切应力。

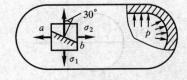

题 9.15 图

9.16 已知应力状态如图所示,应力单位为 MPa。试用图解法求:(1)主应力的大小和主平面的位置;(2)在单元体上绘出主平面的位置及主应力方向;(3)最大切应力。

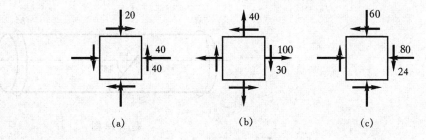

题 9.16 图

9.17 求图示单元体的主应力及最大切应力。应力单位为 MPa。

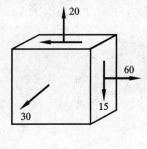

题 9.17 图

9.18 图示直径为 d 的圆轴受扭后,测得在圆轴外侧面上 A 点与母线夹角 $45°$ 方向线应变为 $\varepsilon_{45°}$,若材料弹性模量为 E,横向变形系数为 μ,试求扭转外力偶矩 M 的大小。

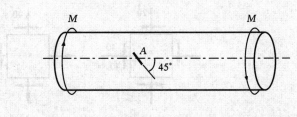

题 9.18 图

9.19 图示矩形截面简支梁,受集中力偶 M 作用而弯曲,在中性层与外侧面交线上 A 点布有与纵向夹角 $45°$ 的应变片,因而可测得 A 点该方向应变 $\varepsilon_A = 5.00 \times 10^{-6}$,若梁长 1 m,梁材料的 $E = 200$ GPa,$\mu = 0.3$,截面长为 $h = 10$ cm,宽为 $b = 4$ cm,试求力偶矩 M 的大小。

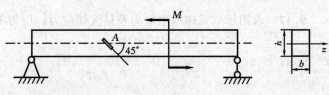

题 9.19 图

9.20 图示边长为 5 cm 的正方形截面杆受轴向拉力 $F=40$ kN 的作用而拉伸。试求杆内沿与轴向夹角 $30°$ 方向的线应变 $\varepsilon_{30°}$。材料的 $E=100$ GPa，$\mu=0.25$。

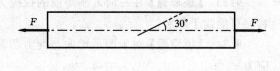

题 9.20 图

9.21 【是非题】材料在静荷作用下的失效形式主要有断裂和屈服两种。 （ ）

9.22 【是非题】砖、石等脆性材料试样压缩时沿横截面断裂。 （ ）

9.23 【是非题】在三向近乎等值的拉应力作用下,钢等塑性材料只可能毁于断裂。 （ ）

9.24 【填空题】对于图示单向与纯剪切组合应力状态,其相当应力 $\sigma_{r3} =$ _____ , $\sigma_{r4} =$ _____ 。

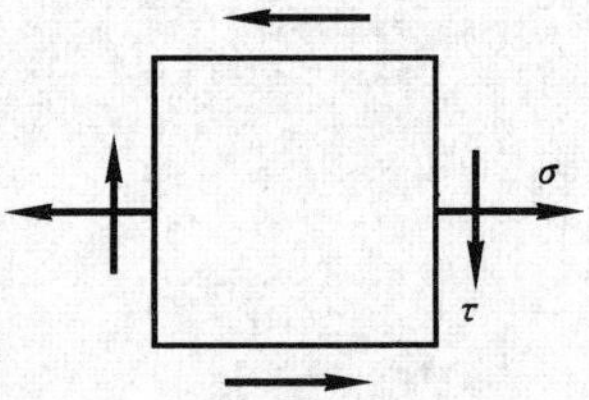

题 9.24 图

9.25 【填空题】导轨与车轮接触处的主应力分别为 -450 MPa、-300 MPa 和 -500 MPa。若导轨的许用应力为 $[\sigma] = 160$ MPa,按第三或第四强度理论,导轨_____强度要求。

9.26 【填空题】圆球形薄壁容器,其内径为 D,壁厚为 δ,承受压强 p 之内压,则其壁内任一点处的主应力为 $\sigma_1 =$ _____ , $\sigma_2 =$ _____ , $\sigma_3 \approx 0$;其相当应力 $\sigma_{r1} =$ _____ , $\sigma_{r3} =$ _____ , $\sigma_{r4} =$ _____ 。

9.27 某铸铁构件危险点处的应力情况如图所示,试校核其强度。已知铸铁的许用拉应力 $[\sigma^+] = 40$ MPa。

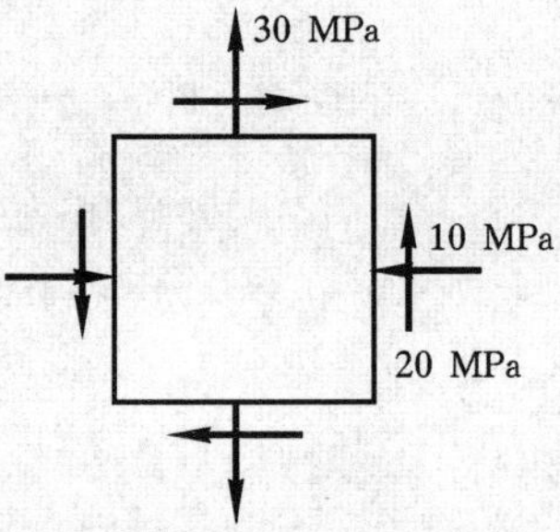

9.28 车轮与钢轨的接触点处的主应力为 $\sigma_1 = -800$ MPa, $\sigma_2 = -900$ MPa, $\sigma_3 = -1\,100$ MPa。若 $[\sigma] = 300$ MPa,试对接触点作强度校核。

题 9.27 图

9.29　两端封闭的铸铁薄壁圆筒,其直径 $D=100$ mm,壁厚 $\delta=5$ mm。材料许用应力 $[\sigma]=40$ MPa,泊松比 $\mu=0.30$,试用强度理论确定可以承受的内压强 p。

9.30 试用第三强度理论对图示简支梁进行全面强度校核,已知$[\sigma]=160$ MPa。

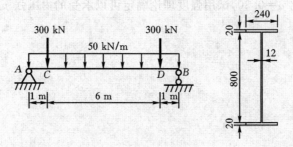

题 9.30 图

10 组合变形杆件的强度计算

10.1 【是非题】拉（压）弯组合变形的杆件，横截面上有正应力，其中性轴过形心。

（　　）

10.2 【是非题】弯扭组合变形的圆轴设计，采用分别依弯曲正应力强度条件及扭转切应力强度条件进行轴径设计计算，而取二者较大的计算结果值为设计轴径的思路。　　（　　）

10.3 【是非题】拉（压）弯组合变形的杆件危险点为单向应力状态，而弯扭组合圆轴的危险点为二向应力状态。　　（　　）

10.4 【是非题】偏心拉（压）本质是轴向拉（压）与弯曲二类基本变形的组合。　　（　　）

10.5 【是非题】立柱承受纵向压力作用，横截面上肯定只有压应力。　　（　　）

10.6 【选择题】塑性材料圆轴在拉伸与扭转组合时其强度判据可用危险面上内力轴力及内力扭矩表达，其第三强度理论的强度条件为（　　）。

A. $\sqrt{(\frac{N}{A})^2+(\frac{T}{W_z})^2}\leqslant[\sigma]$ 　　　　 B. $\sqrt{\frac{N^2+T^2}{W_z}}\leqslant[\sigma]$

C. $\frac{N}{A}\leqslant[\sigma]$，且 $\frac{T}{W_p}\leqslant[\tau]$ 　　　　 D. $\sqrt{(\frac{N}{A})^2+(\frac{T}{W_p})^2}\leqslant[\sigma]$

10.7 【选择题】图示偏心受拉立柱 AB。在已给各截面形状中其合理形状为（　　）。

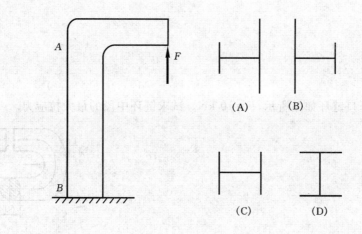

题 10.7 图

10.8 【选择题】图示边长为 a 的正方形截面杆，若受轴向拉力 F 作用，则杆内拉应力为 F/a^2；若杆中段切削一半切口，则杆内最大拉应力为原来的（　　）倍。

A. 2 　　　　 B. 4 　　　　 C. 8 　　　　 D. 16

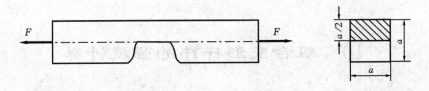

题 10.8 图

10.9 **【填空题】**弯扭组合构件第四强度理论的强度条件可表达为 $\sigma_{r4} = \dfrac{\sqrt{M^2 + T^2}}{W} \leqslant [\sigma]$，该条件成立条件为:杆件截面为 _____，且杆件材料应为 _____。

10.10 起重架的最大起重量 $F = 40$ kN，横梁 AB 由两根 No. 18 槽钢组成，材料的 $[\sigma] = 120$ MPa。试校核 AB 梁的强度。

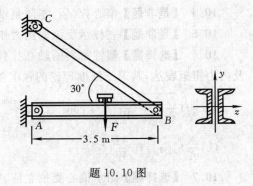

题 10.10 图

10.11 一开口链环如图所示，$F = 10$ kN。试求链环中段的最大拉应力。

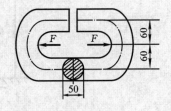

题 10.11 图

10.12　铁道路标圆信号板装在外径 $D = 60$ mm 的空心圆柱上。信号板所受风压 $p = 2$ kN/m²。若结构尺寸如图，材料许用应力 $[\sigma] = 60$ MPa。试按第三强度理论选定空心圆柱壁的厚度。

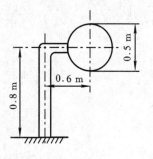

题 10.12 图

10.13　图示电机带动的圆轴 AB，中点处装有重 $F_1 = 5$ kN 的皮带轮，轮直径 $D = 1.2$ m，皮带紧边张力 $F_2 = 6$ kN，松边张力 $F_3 = 3$ kN，若轴的许用应力 $[\sigma] = 50$ MPa，$l = 1.2$ m，试按第三强度理论设计轴径 d。

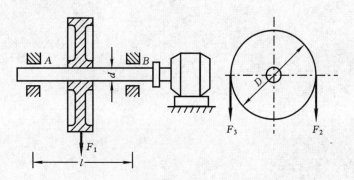

题 10.13 图

10.14 图示钢轴 AB 上有两齿轮 C、D。轮 C 上作用有沿铅垂方向切向力 $F_1 = 50$ kN,轮 D 上切向力沿水平方向。轮 C 直径 $d_C = 300$ mm,轮 D 直径 $d_D = 150$ mm,轴许用应力 $[\sigma] = 100$ MPa,工作时 AB 圆轴作匀角速转动。试用第三强度理论设计轴径 d。

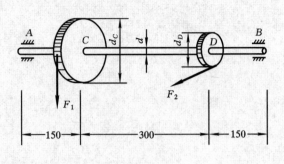

题 10.14 图

11 压杆稳定

11.1 【是非题】由于失稳或由于强度不足而使构件不能正常工作,两者之间的本质区别在于:前者构件的平衡是不稳定的,而后者构件的平衡是稳定的。 (   )

11.2 【是非题】压杆失稳的主要原因是临界压力或临界应力,而不是外界干扰力。 (   )

11.3 【是非题】压杆的临界压力(或临界应力)与作用载荷大小有关。 (   )

11.4 【是非题】两根材料、长度、截面面积和约束条件都相同的压杆,其临界压力也一定相同。 (   )

11.5 【是非题】压杆的临界应力值与材料的弹性模量成正比。 (   )

11.6 【选择题】在杆件长度、材料、约束条件和横截面面积等条件均相同的情况下,压杆采用图(   )所示的截面形状,其稳定性最好;而采用图(   )所示的截面形状,其稳定性最差。

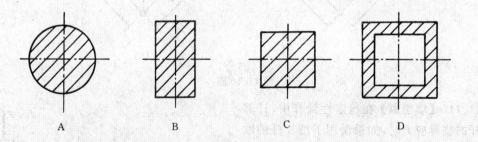

A   B   C   D

题 11.6 图

11.7 【选择题】一方形横截面的压杆,若在其上钻一横向小孔(如图所示),则该杆与原来相比(   )。

A. 稳定性降低,强度不变

B. 稳定性不变,强度降低

C. 稳定性和强度都降低

D. 稳定性和强度都不变

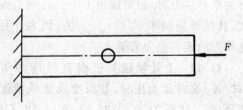

题 11.7 图

11.8 【选择题】若在强度计算和稳定性计算中取相同的安全系数,则在下列说法中,(   )是正确的。

A. 满足强度条件的压杆一定满足稳定性条件

B. 满足稳定性条件的压杆一定满足强度条件

C. 满足稳定性条件的压杆不一定满足强度条件

D. 不满足稳定性条件的压杆一定不满足强度条件

11.9 【填空题】三根材料、长度、杆端约束条件均相同的细长压杆,各自的横截面形状如图所示,其临界应力之比为_____,临界压力之比为_____。

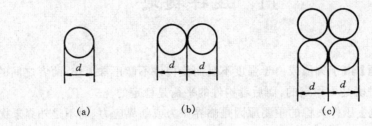

(a)   (b)   (c)

题 11.9 图

11.10 【填空题】由 5 根直径、材料相同的细长杆组成的正方形桁架及其受力情况如图(a)所示。若仅将拉力 F 改为压力(图(b)),则结构的临界压力是原来的_____倍。

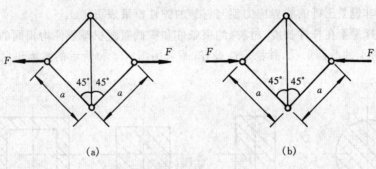

(a)   (b)

题 11.10 图

11.11 【填空题】在稳定性计算中,计算中长杆的临界应力时,如果误用了细长杆的欧拉公式,其结果是偏于_____的,因为计算值比实际的临界应力值偏_____;计算细长杆的临界应力时,如果误用了中长杆的直线公式,其结果是偏于_____的,因为计算值比实际的临界应力值偏_____。

11.12 【引导题】三根直径均为 $d=160$ mm 的圆截面压杆,其长度及支承情况如图所示。材料均为 Q235 钢,$E=206$ GPa,$\sigma_p=200$ MPa,$\sigma_s=235$ MPa。试求各杆的临界应力和临界压力。

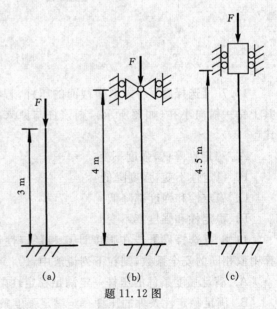

题 11.12 图

解 (1)计算各杆柔度

圆截面的惯性半径 $i=$ _____ =

_____;

(a) 杆的长度系数 $\mu=$ _____,

柔度 $\lambda_1=$ _____ = _____;

（b）杆的长度系数 $\mu=$ _____，

柔度 $\lambda_2=$ _____ = _____；

（c）杆的长度系数 $\mu=$ _____，柔度 $\lambda_3=$ _____ = _____。

（2）确定柔度界限值

$\lambda_p=$ _____ = _____，

查表得 Q235 钢的 $a=304$ MPa，$b=1.12$ MPa，

$\lambda_s=$ _____。

（3）判断压杆类型，选择相应计算公式

因为 $\lambda_1>\lambda_p$，所以 _____ 杆为 _____，采用 _____，

$\sigma_{cr1}=$ _____ = _____，$F_{cr1}=$ _____ = _____；

因为 $\lambda_s<\lambda_2<\lambda_p$，所以 _____ 杆为 _____，采用 _____，

$\sigma_{cr2}=$ _____ = _____，$F_{cr2}=$ _____ = _____；

因为 $\lambda_3<\lambda_s$，所以 _____ 杆为 _____，

$\sigma_{cr3}=$ _____ = _____，$F_{cr3}=$ _____ = _____。

11.13 图示横截面为矩形 $b\times h$ 的压杆，两端用柱形铰联接（在 xy 平面内弯曲时，可视为两端铰支，在 xz 平面内弯曲时，可视为两端固定）。压杆的材料为 Q235 钢，$E=200$ GPa，$\sigma_p=200$ MPa，求（1）当 $b=40$ mm，$h=60$ mm 时，压杆的临界压力；（2）欲使压杆在两个平面（xy 和 xz 平面）内失稳的可能性相同，求 b 与 h 的比值。

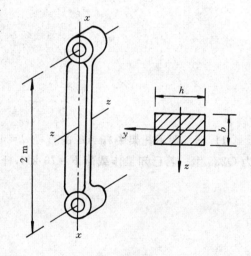

题 11.13 图

11.14 外径 $D=10$ cm，内径 $d=8$ cm 的钢管，在室温下进行安装，如图所示。装配后，钢管不受力。钢管材料为 45 钢，$E=210$ GPa，$\alpha=12.5\times10^{-6}$ 1/℃，$\sigma_p=200$ MPa，求温度升高多少时，钢管将丧失稳定。

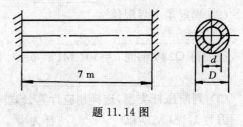

题 11.14 图

11.15 图示托架中杆 AB 的直径 $d=40$ mm，长度 $l=800$ mm，其两端可视为铰接，材料为 Q235 钢。若已知工作载荷 $F=70$ kN，杆 AB 的稳定安全系数 $n_{st}=2$，问此托架是否安全？

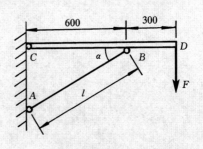

题 11.15 图

11.16　图(a)示一端固定、一端铰支的圆截面杆 AB，直径 $d=100$ mm。已知杆材料为 Q235 钢，$E=200$ GPa，$\sigma_\mathrm{p}=200$ MPa，稳定安全系数 $n_\mathrm{st}=2.5$。试求：(1) 许可载荷；(2) 为提高承载能力，在 AB 杆 C 处增加中间球铰链支承，把 AB 杆分成 AC、CB 两段，如图(b)所示。试问增加中间球铰链支承后，结构承载能力是原来的多少倍？

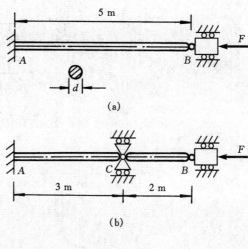

题 11.16 图

11.17 结构如图所示,杆 AB、折杆 BCD 及梁 DE 的截面均为圆形,且各杆材料相同,其弹性模量 $E=200$ GPa,$[\sigma]=160$ MPa,比例极限 $\sigma_p=200$ MPa,给定稳定安全因数 $n_{st}=3$。设已知 AB 杆直径 $d_{AB}=20$ mm,且要求折杆 BCD 与梁 DE 有相同的直径 d,载荷 F 可在 D、E 两点之间移动。若不必考虑刚度条件,试按最大承载能力设计梁的直径 d。

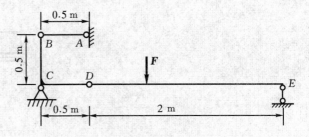

题 11.17 图

12 简单静不定问题

12.1 【是非题】只有静不定结构才可能有装配应力和温度应力。 （　　）

12.2 【是非题】工程中各种结构的支座沉陷都将引起结构的变形和应力。 （　　）

12.3 【是非题】静不定结构的静定基和补充方程不是唯一的,但其解答结果是唯一的。

（　　）

12.4 【填空题】解静不定问题时,列补充方程的步骤为：(1) ＿＿＿＿＿＿＿＿＿＿＿＿；

(2) ＿＿＿＿＿＿＿＿＿＿＿；(3) ＿＿＿＿＿＿＿＿＿＿＿。

12.5 【填空题】图示的九种情形中,属于静定问题的有＿＿＿＿＿＿＿＿＿；属于静不定问题的有＿＿＿＿＿＿＿＿＿。

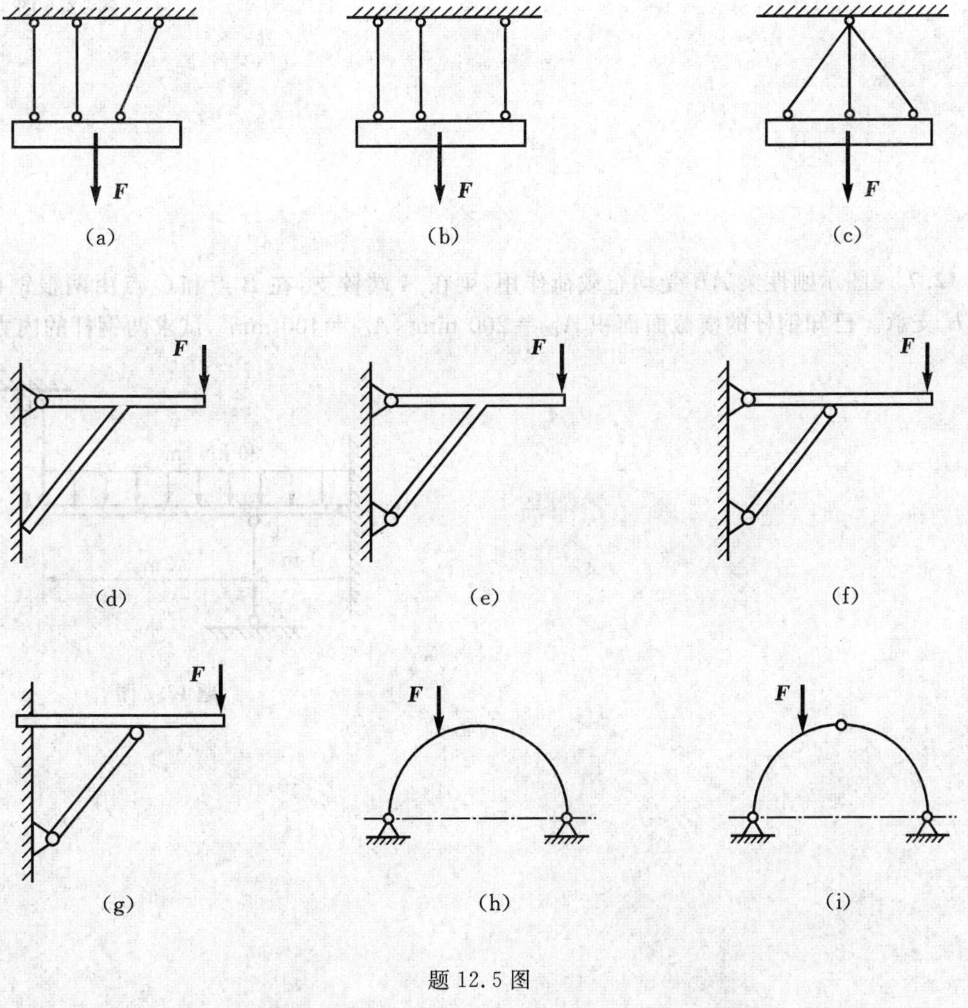

（a）　　　　　　　　（b）　　　　　　　　（c）

（d）　　　　　　　　（e）　　　　　　　　（f）

（g）　　　　　　　　（h）　　　　　　　　（i）

题 12.5 图

12.6 图示阶梯形杆,其上端固定,下端与刚性底面留有空隙 $\Delta=0.08$ mm。杆的上段是铜的,$A_1=4\,000$ mm²,$E_1=100$ GPa,下段是钢的,$A_2=2\,000$ mm²,$E_2=200$ GPa。在两段交界处,受向下的轴向载荷 F。问:(1)力 F 等于多少时,下端空隙恰好消失;(2)$F=500$ kN 时,各段的应力值。

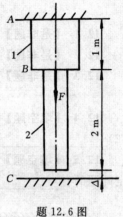

题 12.6 图

12.7 图示刚性梁 AB 受均布载荷作用,梁在 A 端铰支,在 B 点和 C 点由两根钢杆 BD 和 CE 支承。已知钢杆的横截面面积 $A_{DB}=200$ mm²,$A_{CE}=400$ mm²,试求两钢杆的内力。

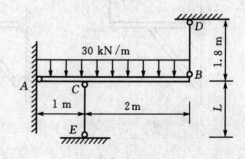

题 12.7 图

12.8 图示结构中，AC 为水平刚性梁，杆1、杆2和杆3为横截面面积相等的钢杆。已知 $E=200$ GPa，$A=10$ mm²，线膨胀系数 $\alpha=12\times10^{-6}1/℃$。试问当杆3的温度升高 $\Delta t=40℃$ 时，各杆的内力。

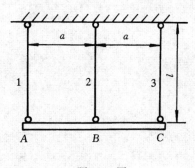

题 12.8 图

12.9 图示一空心圆管 A 套在实心圆杆 B 的一端，两杆的同一截面处各有一直径相同的贯穿孔，梁孔的中心夹角为 β，首先在杆 B 上施加外力偶矩，使其扭转到两孔对准的位置，并在孔中装销钉，试求在外力偶解除后两杆所受的扭矩。设 l_A、l_B 和 I_{pA}、I_{pB} 为已知。

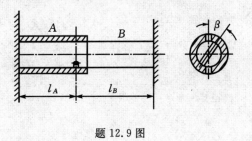

题 12.9 图

12.10 荷载 F 作用在梁 AB 及 CD 的连接处,试求每根梁在连接处所受的力。已知其跨长比和刚度比分别为 $\dfrac{l_1}{l_2} = \dfrac{3}{2}$ 和 $\dfrac{E_1 I_1}{E_2 I_2} = \dfrac{4}{5}$ 。

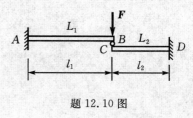

题 12.10 图

12.11 No.18 工字钢梁在跨度中央承受 $F=60$ kN 的集中力，B 点是弹簧支撑，如果 1 kN 的力作用在其上时，弹簧压缩 0.1 mm。试求各支座约束力。如果 B 点为刚性支座时，各支座约束力又是多少？已知 $E=210$ GPa。

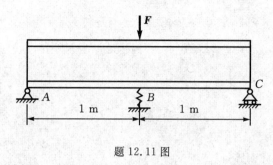

题 12.11 图

12.12 平面刚架如图所示，EI 为常量，试求 C 处支座约束力。

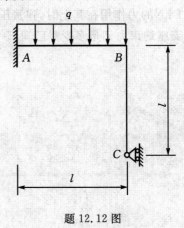

题 12.12 图

13　运动学基础

13.1　【是非题】点作曲线运动时,下述说法是否正确:

(1) 若切向加速度为正,则点作加速运动; （　　）

(2) 若切向加速度与速度符号相同,则点作加速运动; （　　）

(3) 若切向加速度为零,则速度为常矢量。 （　　）

13.2　【是非题】平动刚体上各点的运动轨迹可以是直线,可以是平面曲线,也可以是空间任意曲线。 （　　）

13.3　【是非题】定轴转动刚体的转轴一定与刚体相交。 （　　）

13.4　【引导题】已知点的运动方程为 $x=L(bt-\sin bt)$,$y=L(L-\cos bt)$。其中,L、b 为大于零的常数。求该点轨迹的曲率半径。

解　点的速度在 x、y 轴上的投影分别为

$$\dot{x}=\underline{\hspace{4cm}},\qquad \dot{y}=\underline{\hspace{4cm}}$$

点的速度的大小为

$$v=\sqrt{\dot{x}^2+\dot{y}^2}=\underline{\hspace{5cm}}$$

点的加速度在 x、y 轴上的投影分别为

$$\ddot{x}=\underline{\hspace{4cm}},\qquad \ddot{y}=\underline{\hspace{4cm}}$$

点的加速度的大小为

$$a=\sqrt{\ddot{x}^2+\ddot{y}^2}=\underline{\hspace{5cm}}$$

点的切向加速度和法向加速度的大小分别为

$$a_{\mathrm{t}}=|\mathrm{d}v/\mathrm{d}t|=\underline{\hspace{5cm}}$$

$$a_{\mathrm{n}}=\sqrt{a^2-a_{\mathrm{t}}^2}=\underline{\hspace{5cm}}$$

于是可求得点的轨迹曲率半径为

$$\rho=\underline{\hspace{5cm}}$$

13.5　【填空题】试分别求图示各平面机构中 A 点与 B 点的速度和加速度。各点的速度和加速度的方向皆如图所示(将各点的速度和加速度矢量分别画在各自的题图上)。

(a) $v_A=\underline{\hspace{3cm}}$; $a_A^{\mathrm{t}}=\underline{\hspace{3cm}}$, $a_A^{\mathrm{n}}=\underline{\hspace{3cm}}$。

$\quad\ v_B=\underline{\hspace{3cm}}$; $a_B^{\mathrm{t}}=\underline{\hspace{3cm}}$, $a_B^{\mathrm{n}}=\underline{\hspace{3cm}}$。

(b) $v_A=\underline{\hspace{3cm}}$; $a_A^{\mathrm{t}}=\underline{\hspace{3cm}}$, $a_A^{\mathrm{n}}=\underline{\hspace{3cm}}$。

$\quad\ v_B=\underline{\hspace{3cm}}$; $a_B^{\mathrm{t}}=\underline{\hspace{3cm}}$, $a_B^{\mathrm{n}}=\underline{\hspace{3cm}}$。

(c) $v_A=\underline{\hspace{3cm}}$; $a_A^{\mathrm{t}}=\underline{\hspace{3cm}}$, $a_A^{\mathrm{n}}=\underline{\hspace{3cm}}$。

$\quad\ v_B=\underline{\hspace{3cm}}$; $a_B^{\mathrm{t}}=\underline{\hspace{3cm}}$, $a_B^{\mathrm{n}}=\underline{\hspace{3cm}}$。

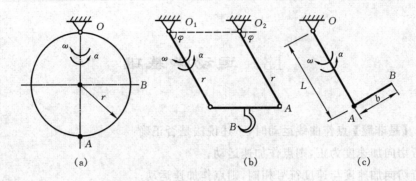

(a)　　　　　　　(b)　　　　　　　(c)

题 13.5 图

13.6 【填空题】图示定轴传动轮系中,轮 1 的角速度已知,轮 3 的角速度的大小与轮 2 的齿数_____关,与轮 1、轮 3 的齿数_____关。

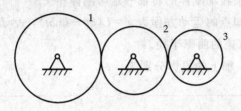

题 13.6 图

13.7 【引导题】图示平面机构中,导杆 AB 沿铅垂轨道以匀速 v 向上运动,通过套筒 A 带动摇杆 OC 绕 O 轴转动。套筒在 A 点与导杆 AB 铰接。各部分几何尺寸如图示。运动开始时,$\varphi=0$,试求 $\varphi=45°$ 时摇杆 OC 的角速度和角加速度,以及杆的端点 C 的速度和加速度。

解 首先求摇杆的角速度和角加速度。根据图中的几何关系可知,$\tan\varphi=$_____。

由此求得摇杆 OC 的转动方程为

$$\varphi=\underline{\qquad\qquad}$$

故摇杆 OC 的角速度和角加速度方程为

$$\omega=\mathrm{d}\varphi/\mathrm{d}t=\underline{\qquad\qquad}$$

$$\alpha=\mathrm{d}\omega/\mathrm{d}t=\underline{\qquad\qquad}$$

当 $\varphi=45°$ 时,根据转动方程有 $t=\underline{\qquad\qquad}$。于是可得摇杆 OC 的角速度和角加速度为

$$\omega=\underline{\qquad\qquad},\qquad \alpha=\underline{\qquad\qquad}。$$

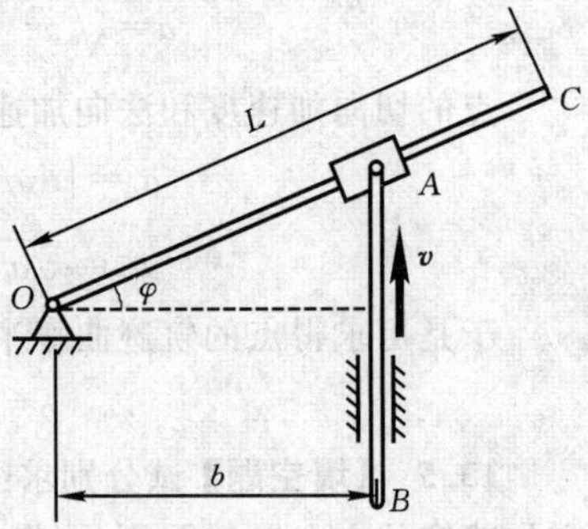

摇杆端点 C 的速度、切向加速度和法向加速度大小分别为

$$v_C=L\omega=\underline{\qquad\qquad}$$

$$a_C^t=L\alpha=\underline{\qquad\qquad},\qquad a_C^n=L\omega^2=\underline{\qquad\qquad}$$

ω、α 的转向和 v_C、a_C^t、a_C^n 的方向如图所示(画在图上)。

题 13.7 图

13.8　AB 杆两端与滑块以铰链连接,滑块可在各自的滑道中滑动,如图所示。已知杆长 $\overline{AB}=60$ cm,$\overline{MB}=20$ cm,滑块 A 的运动规律为 $s=60\sqrt{2}\sin2\pi t$(其中 s 以 cm 计,t 以 s 计)。试求:(1)点 M 的运动方程;(2)当 $t=1/12$ s 时,点 M 的速度。

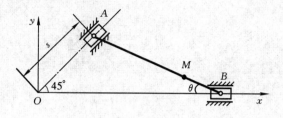

题 13.8 图

13.9 在图示机构中,已知$\overline{O_1A}=\overline{O_2B}=\overline{AM}=r=0.2$ m,$\overline{O_1O_2}=\overline{AB}$。如$O_1$轮按$\varphi=15\pi t$的规律转动,其中$\varphi$以 rad 计,$t$以 s 计。试求$t=0.5$ s时,AB杆上M点的速度和加速度。

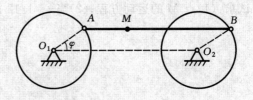

题 13.9 图

14 点的合成运动

14.1 【是非题】动点的相对运动为直线运动、牵连运动为直线平动时,动点的绝对运动也一定是直线运动。 （　　）

14.2 【是非题】某瞬时动点的相对速度不为零,动系的角速度也不为零,则动点在该瞬时的科氏加速度也不为零。 （　　）

14.3 【是非题】当牵连运动为平动时,牵连加速度等于牵连速度对时间的一阶导数。 （　　）

14.4 【选择题】动点的牵连速度是指该瞬时牵连点的速度,它相对的坐标系是（　　）。

A. 动坐标系 　　　　　　　B. 不必确定的

C. 定坐标系 　　　　　　　D. 定系或动系都可以

14.5 【选择题】点的速度合成定理 $v_a = v_r + v_e$ 的适用条件是（　　）。

A. 牵连运动只能是平动 　　B. 牵连运动为平动和转动都适用

C. 牵连运动只能是转动 　　D. 牵连运动只能是平面平动

14.6 【选择题】在图示机构中,已知 $s = a + b\sin\omega t$,且 $\varphi = \omega t$(其中 a、b、ω 均为常数),杆长为 L,若取小球 A 为动点,动系固连于物块 B,定系固连于地面,则小球 A 的牵连速度 v_e 的大小为（　　）;相对速度的大小为（　　）。

A. $L\omega$ 　　　　　　　B. $b\omega\cos\omega t$

C. $b\omega\cos\omega t + L\omega\cos\omega t$ 　　D. $b\omega\cos\omega t + L\omega$

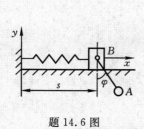

题 14.6 图

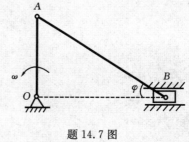

题 14.7 图

14.7 【填空题】在图示平面机构中,曲柄 OA 绕 O 轴转动,通过连杆 AB 带动滑块 B 沿水平方向运动。若以 AB 杆的端点 B 为动点,动系固连于曲柄 OA,定系固连于机架,则动点的相对运动为_____,绝对运动为_____,牵连运动为_____。并把动点的各种速度画在图上。

14.8 【引导题】图示曲柄摇杆机构中，$\overline{O_1O_2}=l=1$ m。某瞬时 O_1B 逆时针转动的角速度 $\omega_1=6$ rad/s，$\varphi=30°$，试求该瞬时曲柄 O_2A 的角速度 ω_2。

解　以曲柄 O_2A 的端点 A 为动点，动系固连于摇杆 O_1B，定系固连于机架。则动点的绝对运动为_____，相对运动为_____，牵连运动为_____。

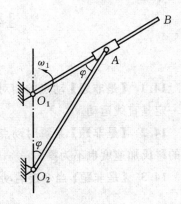

根据速度合成定理有 $v_a=v_r+v_e$，其中

速度	v_a	v_e	v_r
大小			
方向			

于是可得动点的速度平行四边形（将动点的速度平行四边形画在图上）。由几何关系，可求得

$$v_a=\underline{\hspace{5cm}}$$

杆 O_2A 的角速度 $\omega_2=\underline{\hspace{5cm}}$，转向为_____。

题 14.8 图

14.9　半径为 R，偏心距为 e 的凸轮以匀角速度 ω 绕 O 轴转动，AB 杆长为 l，A 端置于凸轮上。图示瞬时，AB 杆处于水平位置。试求此瞬时杆 AB 的角速度。

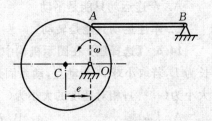

题 14.9 图

14.10 【引导题】图示平面机构中，$\overline{O_1A}=\overline{O_2B}=R=$ 10 cm，又 $\overline{O_1O_2}=\overline{AB}$，水平杆 AB 上套有一套筒 C，此套筒与可沿铅垂滑道运动的 CD 杆铰接。当 $\varphi=60°$ 时，杆 O_1A 的角速度 $\omega=2$ rad/s，角加速度 $\alpha=\sqrt{3}$ rad/s²，转向如图。试求该瞬时 CD 杆的速度和加速度。

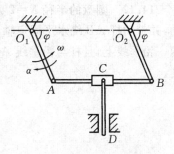

题 14.10 图

解　以套筒 C 为动点，动系固连于 AB，定系固连于机架。则动点的绝对运动为_____；相对运动为_____；牵连运动为_____。

根据 $v_a=v_e+v_r$ 在图上画出动点的速度平行四边形，其中

速度	v_a	v_e	v_r
大小			
方向			

可求得 $v_{CD}=v_a=$ _____，方向_____。

根据加速度合成定理有 $a_a=a_e^t+a_e^n+a_r$（将动点的加速度分析画在图上），其中

加速度	a_a	a_e^t	a_e^n	a_r
大小				
方向				

将加速度矢量式向_____投影，有_____。

可解得 $a_{CD}=a_a=$ _____，方向_____。

14.11　图示半径为 R 的半圆形凸轮沿水平面向右运动，使杆 OA 绕定轴 O 转动。$\overline{OA}=R$，若在图示瞬时杆 OA 与铅垂线间的夹角 $\theta=30°$，点 O 与 O_1 恰在同一铅垂线上，凸轮的速度为 v，加速度为 a。试求该瞬时 OA 杆的角速度和角加速度。

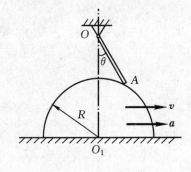

题 14.11 图

14.12 圆盘的半径 $R=2\sqrt{3}$ cm,以匀角速度 $\omega=2$ rad/s 绕位于盘缘的水平固定轴 O 转动,并带动杆 AB 绕水平固定轴 A 转动,杆与圆盘在同一铅垂面内。图示瞬时 A、C 两点位于同一铅垂线上,且杆与铅垂线 AC 的夹角 $\varphi=30°$,试求此瞬时 AB 杆转动的角速度与角加速度。

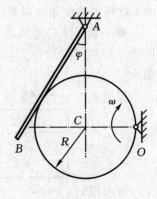

题 14.12 图

15 刚体的平面运动

15.1 【是非题】平行于某固定平面作平面运动的刚体,其上任一条与此固定平面相垂直的直线都作平动。 ( )

15.2 【是非题】平面图形对于固定参考系的角速度和角加速度与平面图形绕任选基点的角速度和角加速度相同。 ( )

15.3 【是非题】刚体的平动和定轴转动都是刚体平面运动的特殊情形。 ( )

15.4 【是非题】刚体上任意两点的速度在这两点连线上的投影相等。 ( )

15.5 【填空题】如图所示,边长为 L 的等边三角形板在其自身平面内运动,已知 A 点的速度大小为 v_A,B 点的速度沿 CB 方向,则此时三角板的角速度大小为_____;C 点的速度大小为_____。

15.6 【选择题】平面图形上任意两点 A、B 的加速度 $\boldsymbol{a}_A$、$\boldsymbol{a}_B$ 与 A、B 连线垂直,且 $a_A \neq a_B$,则该瞬时,平面图形的角速度 ω 和角加速度 α 应为( )。

A. $\omega \neq 0$, $\alpha \neq 0$

B. $\omega \neq 0$, $\alpha = 0$

C. $\omega = 0$, $\alpha \neq 0$

D. $\omega = 0$, $\alpha = 0$

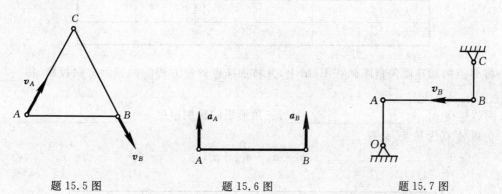

题 15.5 图　　　　　　　题 15.6 图　　　　　　　题 15.7 图

15.7 【选择题】平面机构在图示位置时,AB 杆水平,OA 杆铅直。若 B 点的速度 $v_B \neq 0$,加速度 $a_B' = 0$,则此瞬时 OA 杆的角速度 ω 和角加速度 α 为( )。

A. $\omega = 0$, $\alpha \neq 0$

B. $\omega \neq 0$, $\alpha = 0$

C. $\omega = 0$, $\alpha = 0$

D. $\omega \neq 0$, $\alpha \neq 0$

15.8 【**引导题**】图示平面机构中，直角三角形板 ABC 在 A、B 两处分别与杆 AO_1、BO_2 铰接。已知杆 AO_1 以匀角速度 ω 绕 O_1 轴顺时针转动，$\overline{AO_1}=r$，$\overline{AB}=\overline{BC}=\overline{BO_2}=2r$，$\angle ABC$ $=90°$。在图示瞬时杆 AO_1 和 BO_2 铅垂，AC 水平。试求该瞬时 C 点的速度和加速度。

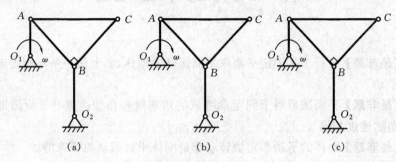

题 15.8 图

解 本机构中三角板 ABC 作平面运动，杆 AO_1 和 BO_2 均作定轴转动。因为在图示位置，$v_A // v_B$，所以知该瞬时三角板 ABC 处于_____状态，其角速度_____，板上各点的速度_____，故 C 点的速度 $v_C=$_____；方向_____。

先以 A 为基点，有

$$\boldsymbol{a}_B = \boldsymbol{a}_B^{\mathrm{t}} + \boldsymbol{a}_B^{\mathrm{n}} = \boldsymbol{a}_A + \boldsymbol{a}_{BA}^{\mathrm{t}} + \boldsymbol{a}_{BA}^{\mathrm{n}} \qquad ①$$

其中

加速度	$\boldsymbol{a}_B^{\mathrm{t}}$	$\boldsymbol{a}_B^{\mathrm{n}}$	$\boldsymbol{a}_A$	$\boldsymbol{a}_{BA}^{\mathrm{t}}$	$\boldsymbol{a}_{BA}^{\mathrm{n}}$
大小					
方向					

将 B 点的加速度矢量图画在图(b)上，并将加速度矢量方程①向铅垂方向投影，得_____
_____。

可以解得 $a_{BA}^{\mathrm{t}}=$_____，三角形板的角加速度 $\alpha=$_____。

仍以 A 点为基点，又有

$$\boldsymbol{a}_C = \boldsymbol{a}_A + \boldsymbol{a}_{CA}^{\mathrm{t}} + \boldsymbol{a}_{CA}^{\mathrm{n}} \qquad ②$$

其中

加速度	$\boldsymbol{a}_C$	$\boldsymbol{a}_A$	$\boldsymbol{a}_{CA}^{\mathrm{t}}$	$\boldsymbol{a}_{CA}^{\mathrm{n}}$
大小				
指向				

将 C 点的加速度矢量图画在图(c)上，并将加速度矢量方程②沿铅垂方向投影，可得 C 点的加速度为

$$a_C = \underline{\hspace{6cm}}$$

15.9 杆 AB 长为 $L=1.5$ m，一端铰接在半径为 $r=0.5$ m 的轮缘上，另一端放在水平面上，如图所示。轮沿地面作纯滚动，已知轮心 O 的速度为 $v_O=20$ m/s。试求图示瞬时(OA 水平)B 点的速度以及轮和杆的角速度。

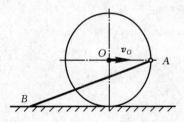

题 15.9 图

15.10 直杆 AB 与圆柱 C 相切，A 点以匀速 60 cm/s 向右滑动，圆柱在水平面上滚动，圆柱半径 $r=10$ cm。设杆与圆柱之间及圆柱与水平面之间均无滑动。试求当 $\varphi=60°$ 时，直杆 AB 以及圆柱 C 的角速度。

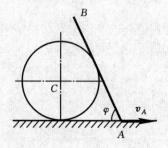

题 15.10 图

15.11　在图示平面机构中,曲柄 OA 以匀角速度 $\omega=3$ rad/s 绕 O 轴转动,$\overline{AC}=L=3$ m,$R=1$ m,轮沿水平直线轨道作纯滚动。在图示位置时,OC 为铅垂位置,$\varphi=60°$。试求该瞬时:(1)轮缘上 B 点的速度;(2)轮的角加速度。

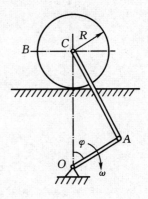

题 15.11 图

15.12 图示杆 AB 与圆轮在轮缘 B 处铰接，带动圆轮沿固定圆弧轨道作纯滚动。已知：杆长 $L=25$ cm，$r=10$ cm，$R=30$ cm。在图示位置时，滑块的速度 $v_A=40$ cm/s，方向向右；加速度 $a_A=60$ cm/s² ，方向向左。试求该瞬时圆轮的角速度和角加速度。

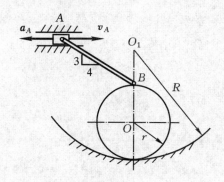

题 15.12 图

16 动力学普遍定理

16.1 【是非题】质点系的质量与其质心速度的乘积等于质点系的动量。（　　）

16.2 【是非题】质点系的质量与其质心加速度的乘积等于质点系外力系的主矢。（　　）

16.3 【是非题】若系统的总动量为零,则系统中每个质点的动量必为零。（　　）

16.4 【是非题】冲量的量纲与动量的量纲相同。（　　）

16.5 【选择题】质点系的动量对时间的一阶导数等于（　　）。

A. 质点系外力系的合力

B. 质点系外力系的主矢

16.6 【选择题】图示平面机构中,物块 A 的质量为 m_1,可沿水平直线轨道滑动。均质杆 AB 的质量为 m_2,长为 $2l$,其 A 端与物块铰接,B 端固连一质量为 m_3 的重质点。图示瞬时,物块的速度为 $\boldsymbol{v}$,杆的角速度为 ω,则此平面机构在该瞬时的动量为（　　）。

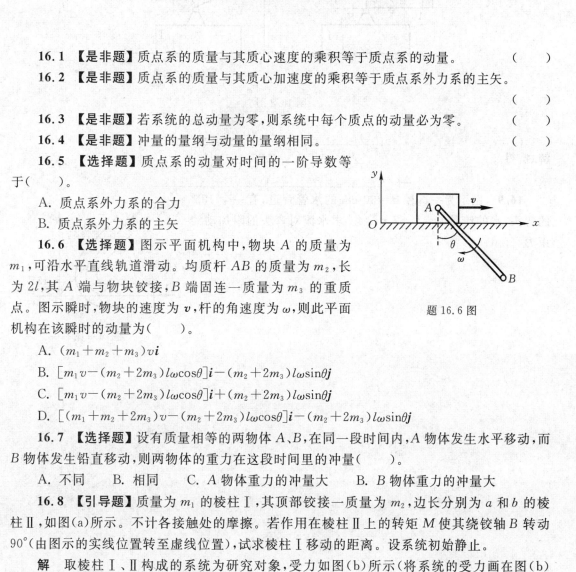

题 16.6 图

A. $(m_1+m_2+m_3)v\boldsymbol{i}$

B. $[m_1v-(m_2+2m_3)l\omega\cos\theta]\boldsymbol{i}-(m_2+2m_3)l\omega\sin\theta\boldsymbol{j}$

C. $[m_1v-(m_2+2m_3)l\omega\cos\theta]\boldsymbol{i}+(m_2+2m_3)l\omega\sin\theta\boldsymbol{j}$

D. $[(m_1+m_2+2m_3)v-(m_2+2m_3)l\omega\cos\theta]\boldsymbol{i}-(m_2+2m_3)l\omega\sin\theta\boldsymbol{j}$

16.7 【选择题】设有质量相等的两物体 A、B,在同一段时间内,A 物体发生水平移动,而 B 物体发生铅直移动,则两物体的重力在这段时间里的冲量（　　）。

A. 不同　　B. 相同　　C. A 物体重力的冲量大　　B. B 物体重力的冲量大

16.8 【引导题】质量为 m_1 的棱柱 I,其顶部铰接一质量为 m_2,边长分别为 a 和 b 的棱柱 II,如图(a)所示。不计各接触处的摩擦。若作用在棱柱 II 上的转矩 M 使其绕铰轴 B 转动 $90°$(由图示的实线位置转至虚线位置),试求棱柱 I 移动的距离。设系统初始静止。

解　取棱柱 I、II 构成的系统为研究对象,受力如图(b)所示(将系统的受力画在图(b)上)。因为系统的受力在水平轴上的投影 $\sum F_x \equiv$ ＿＿＿＿＿＿＿＿＿,且系统初始静止,所以,系统质心的水平坐标 x_C 守恒。

设系统在初始位置时,棱柱 I、II 质心的水平坐标分别为 x_1、x_2,则

$$x_C = \underline{\hspace{6cm}} \qquad ①$$

再设棱柱 II 转过 $90°$ 时,棱柱 I 移动的距离为 Δx,则此时棱柱 I 和 II 质心的水平坐标分别为＿＿＿＿＿＿和＿＿＿＿＿＿＿＿＿,系统质心的水平坐标为

$$x_C = \underline{\hspace{6cm}} \qquad ②$$

由①和②式可得

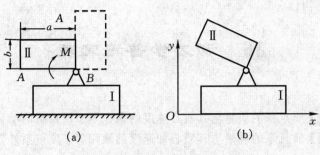

题 16.8 图

解之,得

$$\Delta x = \underline{\hspace{6cm}}$$

16.9 图示为一直径 $d=30$ cm 的水管管道,有一个 $135°$ 的弯头,水的流量 $Q=0.57$ m^3/s。求水流对弯头的附加动约束力。

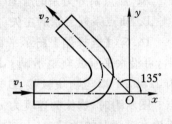

题 16.9 图

16.10 如图所示,重 F_1 的电动机,在转动轴上装一重 F_2 的偏心轮,偏心距离为 e。电动机以匀角速度 ω 转动。(1)设电动机的外壳用螺杆固定在基础上,求作用于螺杆上的最大水平剪力。(2)如不用螺杆固定,问转速多大时,电动机会跳离地面?

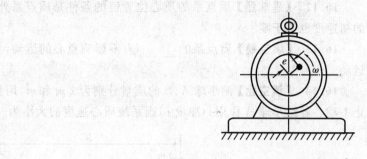

题 16.10 图

16.11 【是非题】质点系动量守恒和质心运动守恒的条件是:质点系外力系的主矢恒等于零;质点系在某坐标轴方向动量守恒和质心运动守恒的条件是:质点系外力系的主矢在该轴上的投影恒等于零。

16.12 【是非题】质点系的质心位置恒的条件是质点系外力系的主矢恒等于零,且质心的初速度也等于零。

16.13 【填空题】质点系的_____力不影响质心的运动,只有_____力才能改变质心的运动。

16.14 【填空题】两小球 A、B 的质量分别为 $2m$ 和 m,用长为 l 的无重刚杆连接,系统静止不动。若给小球 A 作用一冲量 I,则系统质心速度的大小为_____。

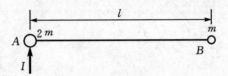

题 16.14 图

16.15 均质杆 AG 与 BG 由相同材料制成,在 G 点铰接,两杆位于同一铅垂面内,如图所示,$\overline{AG}=250$ mm,$\overline{BG}=400$ mm。水平面光滑。若 $\overline{GG_1}=240$ mm 时,系统由静止释放,求当 A、B、G 在同一直线上时,A、B 两端点各自移动的距离为多少?

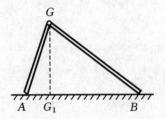

题 16.15 图

16.16　均质杆 AB 长 l，A 端放置在光滑水平面上。杆在如图位置自由倒下，求 B 点的轨迹方程。

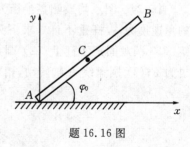

题 16.16 图

16.17　【是非题】质点系对质心的相对运动动量矩等于其绝对运动动量矩。　　（　　）

16.18　【是非题】质点系的内力不能改变质点系的动量与动量矩。　　（　　）

16.19　【是非题】如果作用于质点系上的所有外力对固定点 O 的主矩不为零，那么，质点系的动量矩一定不守恒。　　（　　）

16.20　【是非题】平动刚体各点的动量对一轴的动量矩之和可以用质心对该轴的动量矩表示。　　（　　）

16.21　【是非题】刚体的质量是刚体平动时惯性大小的度量，刚体对某轴的转动惯量则是刚体绕该轴转动时惯性大小的度量。　　（　　）

16.22　【填空题】动量矩定理 $\dfrac{\mathrm{d}\boldsymbol{L}_O}{\mathrm{d}t} = \boldsymbol{M}_O^{(e)}$ 成立的条件是 _____。

16.23 【填空题】均质圆轮半径为 r，质量为 m，在水平面上作纯滚动。在轮心处作用一水平力 F，则轮心的加速度为 _____；地面对轮的摩擦力为 _____。

16.24 图示均质圆盘半径为 R，质量为 m；细杆长为 l，绕 O 轴转动的角速度为 ω，杆重不计。求下列三种情况下圆盘对固定轴 O 的动量矩：(1) 圆盘固定于杆上；(2) 圆盘绕 A 轴转动，相对于杆 OA 的角速度也为 ω；(3) 圆盘绕 A 轴转动，相对于杆 OA 的角速度为 $-\omega$。

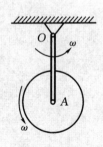

题 16.24 图

16.25 阿特武德机的滑轮质量为 M，半径为 r，可视为均质圆盘。两重物系于绳的两端，质量分别为 m_1 与 m_2，试求重物的加速度。

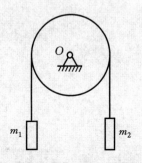

题 16.25 图

16.26 【选择题】均质圆盘重为 F,半径为 r,圆心为 C,绕偏心轴以角速度 ω 转动,偏心距 $\overline{OC}=e$,则圆盘对固定轴 O 的动量矩为(   )。

A. $\dfrac{F}{2g}(r+e)^2\omega$

B. $\dfrac{F}{2g}(r^2+2e^2)\omega$

C. $\dfrac{F}{2g}(r^2+e^2)\omega$

D. $\dfrac{F}{2g}(r^2+2e^2)\omega^2$

16.27 【选择题】图示三个均质定滑轮的质量和半径皆相同。不计绳的质量和轴承的摩擦,则图(   )所示定滑轮的角加速度最大;图(   )所示定滑轮的角加速度最小。

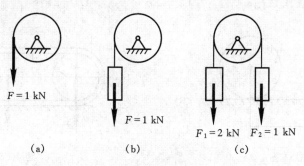

(a) (b) (c)

题 16.27 图

16.28 【填空题】OA 杆重 F,对 O 轴的转动惯量为 J,弹簧的弹性系数为 k,当杆处于铅垂位置时弹簧无变形,取位置角 φ 及其正向如图所示,则 OA 杆在铅直位置附近微振动的运动微分方程为 _____。

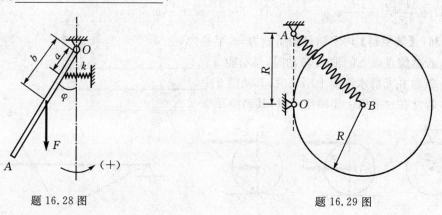

题 16.28 图   题 16.29 图

16.29 均质圆盘,质量为 m,半径为 R,弹簧刚度为 k,原长为 R。圆盘由图示水平位置无初速释放,试求圆盘在最低位置时的角加速度 α。

16.30 【是非题】忽略机械能与其他能量间的转换,则只要有力对物体作功,该物体的动能就一定会增加。   (   )

16.31 【是非题】平面运动刚体的动能可由其质量及质心速度完全确定。   (   )

16.32 【是非题】内力不能改变质点系的动能。   (   )

16.33 【是非题】如果某质点系的动能很大,则该质点系的动量也很大。   (   )

16.34 【选择题】图示均质圆盘沿水平直线轨道作纯滚动,在盘心移动了距离 s 的过程中,水平常力 F_T 的功 $A_T=$(   );轨道给圆轮的摩擦力 F_f 的功 $A_f=$(   )。

A. $F_T s$ B. $2F_T s$ C. $-F_f s$ D. $-2F_f s$ E. 0

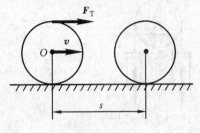

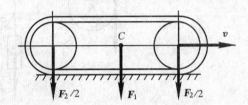

题 16.34 图   题 16.35 图

16.35 【选择题】图示坦克履带重 F_1,两轮合重 F_2,车轮看成半径为 R 的均质圆盘,两轴间的距离为 $2\pi R$。设坦克的前进速度为 v,此系统动能为(   )。

A. $T=\dfrac{3F_2}{4g}v^2+\dfrac{1}{2}\dfrac{F_1}{g}\pi R v^2$ B. $T=\dfrac{F_2}{4g}v^2+\dfrac{F_1}{g}v^2$

C. $T=\dfrac{3F_2}{4g}v^2+\dfrac{1}{2}\dfrac{F_1}{g}v^2$ D. $T=\dfrac{3F_2}{4g}v^2+\dfrac{F_1}{g}v^2$

16.36 【填空题】均质圆盘的质量为 m,半径为 r。

(a) 若盘绕盘缘上的轴 A 转动时,其动能 $T=$ _____;

(b) 若盘在光滑水平面上平动时,其动能 $T=$ _____;

(c) 若盘在水平面上作纯滚动时,其动能 $T=$ _____。

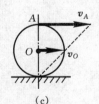
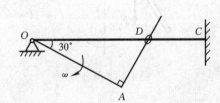

(a)   (b)   (c)

题 16.36 图   题 16.37 图

16.37 【填空题】D 环的质量为 m,$\overline{OA}=r$,图示瞬时直角拐杆角速度为 ω,则该瞬时环的动能 $T=$ _____。

16.38 【填空题】如图所示，轮 Ⅱ 由系杆 O_1O_2 带动在固定轮 Ⅰ 上无滑动滚动，两轮半径分别为 R_1、R_2。若轮 Ⅱ 的质量为 m，系杆的角速度为 ω，则轮 Ⅱ 的动能 $T=$ _____。

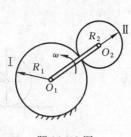
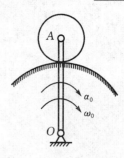

题 16.38 图   题 16.39 图

16.39 【填空题】半径为 r，质量为 m 的均质圆盘 A 由 OA 杆带动在半径为 R 的大圆弧上做纯滚动。图示瞬时 OA 杆的角速度、角加速度分别如图所示，则该瞬时圆盘的动量 $p=$ _____，对 O 点的动量矩 $L=$ _____，动能 $E_k=$ _____。

16.40 质量为 m、半径为 r 的均质圆柱体，在半径为 R 的固定大圆槽内作纯滚动，如图所示。圆心 C 与固定点 O 分别用铰链连接于轻质刚性杆的两端。在杆端 O 处还安装有刚度系数为 k 的扭转弹簧。当杆处于铅垂位置时，扭簧没有变形。如不计滚动摩阻，试写出系统的运动微分方程，并确定圆柱体绕平衡位置作微幅振动的周期。

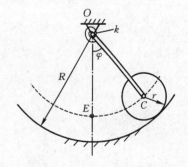

题 16.40 图

16.41 已知均质杆 AB 长为 l，质量为 m_1；均质圆柱的质量为 m_2，半径为 R，自图示 $\theta=45°$ 位置由静止开始沿水平面作纯滚动。若墙面光滑，求杆端 A 在开始释放瞬时的加速度。

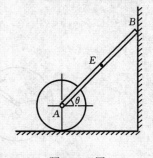

题 16.41 图

16.42 【是非题】动力学普遍定理包括：动量定理、动量矩定理、动能定理以及由这三个基本定理推导出来的其他一些定理,如质心运动定理等。　　　　　　　　　　　　　　　（　　）

16.43 【是非题】质点系的内力不能改变质点系的动量和动量矩,也不能改变质点系的动能。　　　　　　　　　　　　　　　　　　　　　　　　　　　　　　　　　（　　）

16.44 【引导题】图示三棱柱体 ABC 的质量为 M,放在光滑的水平面上。质量为 m、半径为 r 的均质圆柱体沿 CB 斜面作纯滚动。若斜面倾角为 φ,求三棱柱体的加速度。

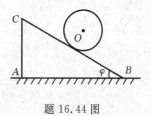

题 16.44 图

解　取整个系统为研究对象,受力与运动分析如图示(将系统的受力与运动分析画在图上)。图中 $v_r = r\omega$, $v_e = v$。

由于系统在水平方向没有外力作用,故系统的动量在水平方向的投影守恒,即

　　　　　　　　　　　　　　　　　　　　　　　　　　　①

系统运动过程中只有圆柱体的重力作功,当圆柱中心沿斜面移动 ds 时,其元功为

$$\delta A = \underline{\hspace{5cm}}$$

系统的动能 $T = \underline{\hspace{5cm}}$

根据质点系统动能定理的微分形式,有 $\delta A = dT$,即

　　　　　　　　　　　　　　　　　　　　　　　　　　　②

将①式微分后代入②式,并考虑到 $ds = v_r dt$,即可求得三棱柱体的加速度

$$a = \dot{v} = \underline{\hspace{5cm}}$$

16.45 图示滚子 A 的质量为 m,沿倾角为 φ 的固定斜面向下滚动而不滑动。滚子借一跨过滑轮 B 的软绳提升一质量为 M 的物体,同时滑轮 B 绕 O 轴转动。滚子 A 和滑轮 B 可视为质量、半径皆相等的均质圆盘。求滚子中心的加速度和系在滚子上的软绳的张力。

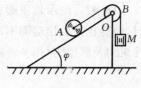

题 16.45 图

16.46 两均质轮子 A 和 B 的质量分别为 m_1 和 m_2，半径分别为 R_1 和 R_2，用细绳连接（如图所示）。轮 A 绕固定轴 O 转动。细绳的质量与轴承摩擦忽略不计。求轮 B 下落时两个轮子的角加速度、B 轮质心 C 的加速度以及绳的张力。

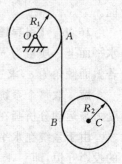

题 16.46 图

16.47 图示均质圆柱质量为 m、半径为 r。当其质心 C 位于与 O 在同一高度的 A_0 位置时，由静止开始滚动而不滑动。求圆柱滚至半径为 R 的圆弧 AB 上时，作用于圆柱上的法向约束力及摩擦力（用 θ 表示）。

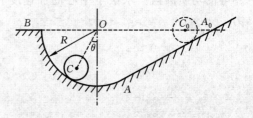

题 16.47 图

17   动静法

17.1 【是非题】凡是运动的物体都有惯性力。   (   )

17.2 【是非题】平面运动刚体惯性力系的合力必作用在刚体的质心上。   (   )

17.3 【是非题】平动刚体惯性力系可简化为一个合力,该合力一定作用在刚体的质心上。   (   )

17.4 【是非题】具有垂直于转轴的质量对称面的转动刚体,其惯性力系可简化为一个通过转轴的力和一个力偶,其中力偶的矩等于对转轴的转动惯量与刚体角加速度的乘积,转向与角加速度相反。   (   )

17.5 【选择题】均质细杆 AB 长为 l,重为 F,与铅垂轴固结成角 $\varphi=30°$,并以匀角速度 ω 转动,则杆惯性力系的合力的大小等于(   )。

A. $\dfrac{\sqrt{3}l^2F\omega^2}{8g}$ B. $\dfrac{l^2F\omega^2}{2g}$ C. $\dfrac{lF\omega^2}{2g}$ D. $\dfrac{lF\omega^2}{4g}$

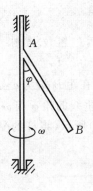

题 17.5 图

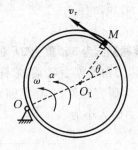

题 17.6 图

17.6 【填空题】半径为 R 的圆环在水平面内绕铅垂轴 O 以角速度 ω、角加速度 α 转动。环内有一质量为 m 的光滑小球 M,图示瞬时(θ 为已知)有相对速度 $\boldsymbol{v}_r$(方向如图),则该瞬时小球的科氏惯性力 $F_{IC}=$ _____ ;牵连惯性力 $F_{Ie}^{\tau}=$ _____ ,$F_{Ie}^{n}=$ _____ (方向在图中画出)。

17.7 【填空题】均质圆盘半径为 R,质量为 m,沿斜面作纯滚动。已知轮心加速度为 $\boldsymbol{a}$,则圆盘各质点的惯性力向 O 点简化的结果是:惯性力系主矢 $\boldsymbol{F}_{IR}'$ 的大小等于_____,惯性力系主矩 $\boldsymbol{M}_{IO}$ 的大小等于_____(方向在图中画出)。

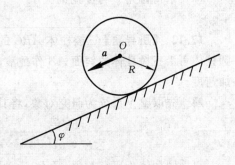

题 17.7 图

17.8 【是非题】作用在质点系上的所有外力和质点系中所有质点的惯性力在形式上组成平衡力系。   (   )

17.9 【选择题】刚体作定轴转动时,附加动约束力为零的充要条件是(　　)。

A. 刚体的质心位于转动轴上

B. 刚体有质量对称平面,且转动轴与对称平面垂直

C. 转动轴是中心惯性主轴

D. 刚体有质量对称轴,转动轴过质心与该对称轴垂直

17.10 【选择题】图示飞轮由于安装的误差,其质心不在转轴上。如果偏心距为 e,飞轮以匀角速度 ω 转动时,轴承 A 处的附加动约束力的大小为 F''_{NA},则当飞轮以匀角速度 2ω 转动时,轴承 A 处的附加动约束力的大小为(　　)。

A. F''_{NA}　　B. $2F''_{NA}$　　C. $3F''_{NA}$　　D. $4F''_{NA}$

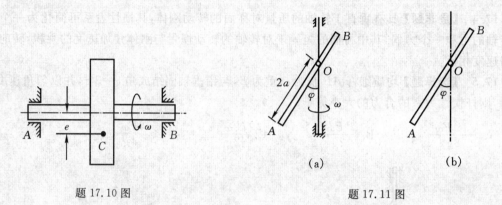

题 17.10 图　　　　　　　　题 17.11 图

17.11 【引导题】长为 $3a$、重为 $3F$ 的均质细直杆 AB 在距 B 端为 a 处与铅垂轴铰接,如图(a)所示。此轴以匀角速度 ω 转动,求杆的 OA 段偏离铅垂线的角 φ 与 ω 间的关系。

解　取杆 AB 为研究对象,它作定轴转动,受力如图(b)所示(将杆的受力画在图(b)上)。OA 段惯性力系合力的大小为

$$F_{IR1} = \underline{\hspace{5cm}}$$

OB 段惯性力系合力的大小为

$$F_{IR2} = \underline{\hspace{5cm}}$$

$\boldsymbol{F}_{IR1}$ 和 $\boldsymbol{F}_{IR2}$ 方向如图(b)所示(将惯性力加画在图(b)上)。

根据质点系的达朗伯原理,有

$$\sum m_O = 0, \underline{\hspace{4cm}}$$

即可求得偏角 φ 与 ω 间的关系

$$\underline{\hspace{6cm}}$$

17.12 【引导题】三棱柱体 ABC 的质量为 m_1,可沿光滑水平面滑动。质量为 m_2 的均质圆柱体可沿三棱柱体的斜面 AB 作纯滚动,如图(a)所示。设斜面的倾角为 θ,试求三棱柱体的加速度。

解　先取整个系统为研究对象,将其受力、运动和惯性力分析画在图(a)上。其中,$F_{IR1} = $ _____;$F^e_{IR} = $ _____,$F^r_{IR} = $ _____,$M_{ID} = $ _____。根据质点系的达朗伯原理,有

$$\sum F_x = 0, \underline{\hspace{4cm}} \quad ①$$

再取圆柱体为研究对象,受力、运动和惯性力分析如图(b)(画在图(b)上)。根据质点系

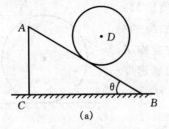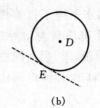

题 17.12 图

的达朗伯原理,有

$$\sum M_E = 0,\ \underline{\hspace{6cm}}\qquad ②$$

补充运动学关系(以三棱柱体 ABC 为动系时,动点 D 的相对加速度 a_r 和圆柱的角加速度 α 间的关系式)

$$\underline{\hspace{8cm}}\qquad ③$$

联解上述三个方程,即可求得三棱柱体的加速度

$$a_1 = \underline{\hspace{6cm}}。$$

17.13 如图所示,质量为 m 的均质细杆 AB 长为 l,A 端搁在光滑水平面上,另一端 B 由质量可以不计的绳子系于固定点 D,且 ABD 在同一铅垂平面内。当绳处于水平位置时,杆由静止开始落下。求在该瞬时:(1) 杆的角加速度;(2) 绳子的张力;(3) A 点的约束力。

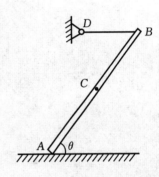

题 17.13 图

17.14 图示半径为 R 的均质圆柱体的质量 $M=$ 20 kg，由绕在其上的水平绳子拉着作纯滚动，绳的另一端跨过定滑轮 B 系着质量为 $m=10$ kg 的重物 A。不计滑轮和绳子的质量，求：(1) 圆柱中心的加速度；(2) 水平段绳的张力；(3) 地面对圆柱的摩擦力。

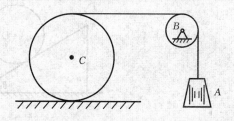

题 17.14 图

18　能量原理

18.1 【是非题】因为实位移和虚位移都是约束所许可的,故实际的微小位移必定是诸虚位移中的一个。（　　）

18.2 【是非题】任意质点系平衡的充要条件都是:作用于质点系的主动力在系统的任何虚位移上的虚功之和等于零。（　　）

18.3 【是非题】系统的广义坐标数并不一定总是等于系统的自由度数。（　　）

18.4 【是非题】广义力的表达式随所取的广义坐标的不同而不同,故其单位可能是 N 或是 N·m 等。（　　）

18.5 【是非题】虚位移虽与时间无关,但与主动力的方向一致。（　　）

18.6 【选择题】机构在图示瞬时有 $\alpha=\beta=45°$,若 A 点的虚位移为 δr_A,则 B 点虚位移的大小 $\delta r_B=$ _____;OC 杆中点 D 的虚位移的大小 $\delta r_D=$ _____。

A. $0.5\delta r_A$

B. δr_A

C. $2\delta r_A$

D. 0

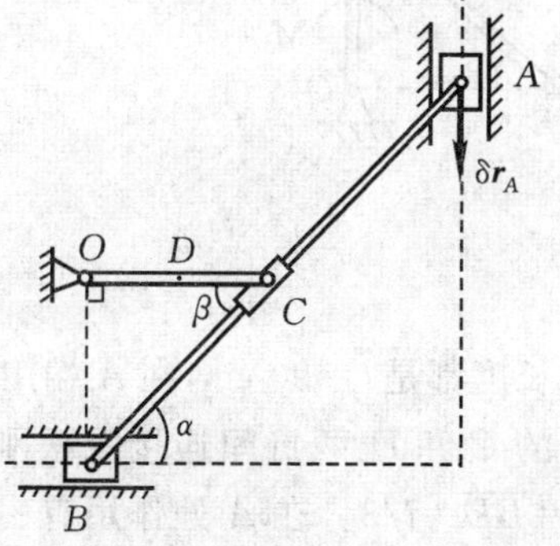

题 18.6 图 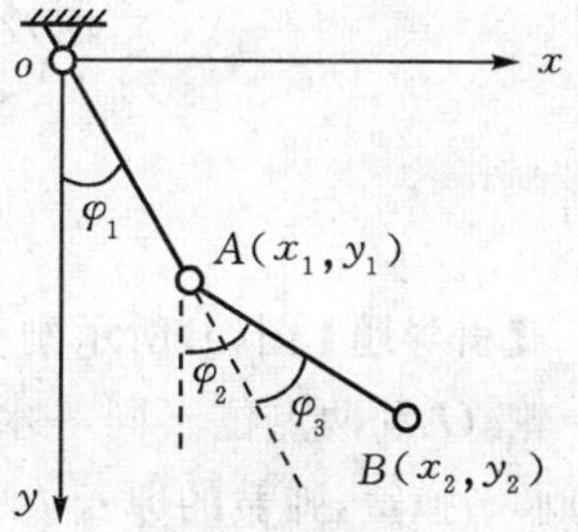　　　　　　　　　题 18.7 图

18.7 【填空题】双摆由质点 A 及 B 组成,并只能在铅垂平面内运动。系统有 2 个自由度,广义坐标可选 _____（多选,选全为对）。

①φ_1,φ_2　　②φ_1,φ_3　　③φ_2,φ_3　　④x_1,y_1　　⑤x_1,x_2　　⑥x_1,y_2

18.8 【填空题】在图示各平面机构中:

(1) 图(a)所示系统的自由度 $N_1=$ _____;

(2) 图(b)所示系统的自由度 $N_2=$ _____;

(3) 图(c)所示系统的自由度 $N_3=$ _____;

(4) 图(d)所示系统的自由度 $N_4=$ _____。

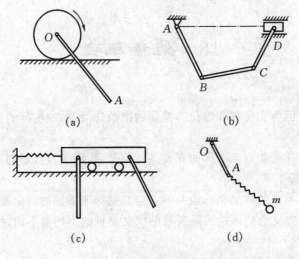

题 18.8 图

18.9 【填空题】在图示平面机构中，A、B、O_2 和 O_1、C 分别在两水平线上，O_1A 和 O_2C 分别在两铅垂线上，$\varphi=30°$，$\beta=45°$，A 和 C 点虚位移之间的关系为 _____

_____ 。

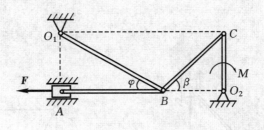

题 18.9 图

18.10 【引导题】图(a)所示刚杆 OA 和 AB 的长度都是 $l=90$ cm，在 A 端用铰链连接，B 端铰接一小轮，O、B 两点位于同一水平线上。在杆的 C 和 D 两点间连接一根刚度系数 $k=30$ N/cm 的水平弹簧，弹簧的原长 $l_0=50$ cm，而 $\overline{OC}=\overline{BD}=l/3$。在 A 处作用有一与水平线成 $\alpha=30°$ 的力 F_1，$F_1=30$ N，在 B 处作用有一水平力 F_2，系统在铅垂面内图示位置平衡，此时弹簧被拉伸，且 $\varphi=60°$。如果不计各构件重量和摩擦，试求系统平衡时力 F_2 的大小。

解 取整个系统为研究对象。解除弹簧，代以相应的弹性力 F 和 F'（图(b)），且 $F=-F'$。系统具有一个自由度，选角 φ 为广义坐标。作用在系统上的主动力有 F_1、F_2 以及弹性力 F 和 F'。可采用三种方法求解。

解法一（解析法） 在图(b)建立固定直角坐标系 Oxy，则各主动力作用点位置用广义坐标表示的直角坐标表达式为

$$x_A = \underline{\hspace{3cm}}, \quad y_A = \underline{\hspace{3cm}}, \quad x_B = \underline{\hspace{3cm}},$$

$$x_C = \underline{\hspace{3cm}}, \quad x_D = \underline{\hspace{3cm}}。$$

求其变分得

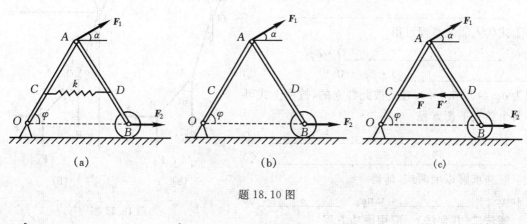

题 18.10 图

$$\delta x_A = \underline{\hspace{5cm}}, \quad \delta y_A = \underline{\hspace{5cm}}, \quad \delta x_B = \underline{\hspace{5cm}},$$

$$\delta x_C = \underline{\hspace{5cm}}, \quad \delta x_D = \underline{\hspace{6cm}}. \qquad ①$$

根据虚功方程 $\sum(F_x\delta x + F_y\delta y + F_z\delta z) = 0$ 得

$$\underline{\hspace{11cm}} \qquad ②$$

由于弹性力的大小 $F = F' = \underline{\hspace{2cm}}$,将①式代入②式,且考虑到 $\delta\varphi \neq 0$,解得

$$F_2 = \underline{\hspace{9cm}} \qquad ③$$

解法二(几何法) 在整个系统上画出全部主动力 F_1、F_2、F、F',并根据约束情形画出各主动力作用点的虚位移,如图(c)所示。

根据虚功方程 $\sum\delta A = \sum F_i \cdot \delta r_i = 0$,得

$$\underline{\hspace{11cm}} \qquad ④$$

由图(c)知相关虚位移之间的关系:

$$\delta r_C = \underline{\hspace{2cm}} \delta r_A, \quad \delta r_D = \underline{\hspace{2cm}} \delta r_A, \quad \delta r_B = \underline{\hspace{2cm}} \delta r_A. \qquad ⑤$$

将⑤式代入④式,且 $\delta r_A \neq 0$,即可求得力 F_2 的大小,同③式。

解法三(广义力法) 对于本题可取 φ 为广义坐标,则有 $Q_\varphi = 0$,即

$$Q_\varphi = \frac{[\sum\delta A]_\varphi}{\delta\varphi} = \underline{\hspace{7cm}} = 0$$

将⑤式代入,且注意到 $\delta r_A = l\delta\varphi \neq 0$,可得

$$\underline{\hspace{11cm}}$$

解之即得③式。

18.11 【引导题】杆 OA 和 AB 以铰链相连,O 端悬挂于圆柱铰链上,如图所示,杆长 $\overline{OA} = a$,$\overline{AB} = b$,杆重和铰链的摩擦都忽略不计。今在点 A 和 B 分别作用有向下的铅垂力 F_A 和 F_B,又在点 B 作用一水平力 F。试求平衡时 φ_1、φ_2 与 F_A、F_B、F 之间的关系。

解 取整个系统为研究对象。该系统具有两个自由度,选 φ_1 和 φ_2 为广义坐标,下面用三种方法进行求解。

解法一(解析法) 建立图(b)所示的直角坐标系 Oxy,则得 A、B 两点相应坐标及坐标变分为

$$y_A = \underline{\hspace{3cm}}, \quad x_B = \underline{\hspace{4cm}}, \quad y_B = \underline{\hspace{3cm}}.$$

$$\delta y_A = \underline{\hspace{3cm}}, \quad \delta x_B = \underline{\hspace{4cm}}, \quad \delta y_B = \underline{\hspace{4cm}}. \qquad ①$$

根据虚功方程 $\sum \delta A = \sum (F_x \delta x + F_y \delta y) = 0$，有

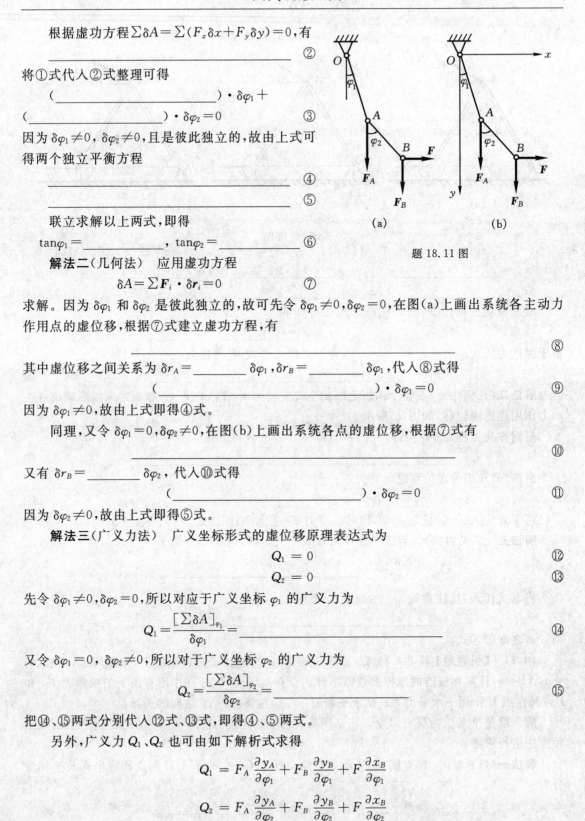

　　　　　　　　　　　　　　　　　　　　②

将①式代入②式整理可得

$(\underline{\hspace{5cm}}) \cdot \delta\varphi_1 +$

$(\underline{\hspace{4cm}}) \cdot \delta\varphi_2 = 0$　　③

因为 $\delta\varphi_1 \neq 0$，$\delta\varphi_2 \neq 0$，且是彼此独立的，故由上式可得两个独立平衡方程

$\underline{\hspace{7cm}}$　　④

$\underline{\hspace{7cm}}$　　⑤

　　联立求解以上两式，即得

$\tan\varphi_1 = \underline{\hspace{3cm}}$，$\tan\varphi_2 = \underline{\hspace{3cm}}$　　⑥

题 18.11 图

解法二（几何法）　应用虚功方程

$$\delta A = \sum \boldsymbol{F}_i \cdot \delta \boldsymbol{r}_i = 0 \qquad ⑦$$

求解。因为 $\delta\varphi_1$ 和 $\delta\varphi_2$ 是彼此独立的，故可先令 $\delta\varphi_1 \neq 0$，$\delta\varphi_2 = 0$，在图(a)上画出系统各主动力作用点的虚位移，根据⑦式建立虚功方程，有

$\underline{\hspace{10cm}}$　　⑧

其中虚位移之间关系为 $\delta r_A = \underline{\hspace{2cm}} \delta\varphi_1$，$\delta r_B = \underline{\hspace{2cm}} \delta\varphi_1$，代入⑧式得

$(\underline{\hspace{5cm}}) \cdot \delta\varphi_1 = 0$　　⑨

因为 $\delta\varphi_1 \neq 0$，故由上式即得④式。

　　同理，又令 $\delta\varphi_1 = 0$，$\delta\varphi_2 \neq 0$，在图(b)上画出系统各点的虚位移，根据⑦式有

$\underline{\hspace{10cm}}$　　⑩

又有 $\delta r_B = \underline{\hspace{2cm}} \delta\varphi_2$，代入⑩式得

$(\underline{\hspace{5cm}}) \cdot \delta\varphi_2 = 0$　　⑪

因为 $\delta\varphi_2 \neq 0$，故由上式即得⑤式。

　　解法三（广义力法）　广义坐标形式的虚位移原理表达式为

$$Q_1 = 0 \qquad ⑫$$

$$Q_2 = 0 \qquad ⑬$$

先令 $\delta\varphi_1 \neq 0$，$\delta\varphi_2 = 0$，所以对应于广义坐标 φ_1 的广义力为

$$Q_1 = \frac{[\sum \delta A]_{\varphi_1}}{\delta\varphi_1} = \underline{\hspace{5cm}} \qquad ⑭$$

又令 $\delta\varphi_1 = 0$，$\delta\varphi_2 \neq 0$，所以对于广义坐标 φ_2 的广义力为

$$Q_2 = \frac{[\sum \delta A]_{\varphi_2}}{\delta\varphi_2} = \underline{\hspace{5cm}} \qquad ⑮$$

把⑭、⑮两式分别代入⑫式、⑬式，即得④、⑤两式。

　　另外，广义力 Q_1、Q_2 也可由如下解析式求得

$$Q_1 = F_A \frac{\partial y_A}{\partial \varphi_1} + F_B \frac{\partial y_B}{\partial \varphi_1} + F \frac{\partial x_B}{\partial \varphi_1}$$

$$Q_2 = F_A \frac{\partial y_A}{\partial \varphi_2} + F_B \frac{\partial y_B}{\partial \varphi_2} + F \frac{\partial x_B}{\partial \varphi_2}$$

18.12 在图示结构中,已知 $F_2 = 100$ kN, $F_1 = 300$ kN。试用虚位移原理求:(1) 支座 B 的约束力;(2) 杆 BC 的内力。

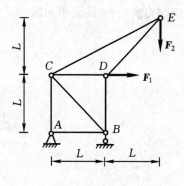

题 18.12 图

18.13　滑套 A 套在光滑的直杆 AB 上，并带动 CD 杆在铅垂滑道上滑动，如图所示，已知当 $\theta=0°$ 时，弹簧等于原长，弹簧的刚性系数 $k=5$ kN/m。试求在任意位置 θ 角平衡时，AB 杆上应加力偶矩 M 的大小。图中尺寸单位为 mm。

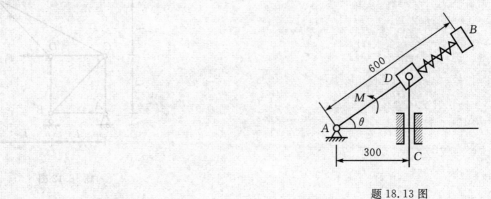

题 18.13 图

19　动载荷与交变应力

19.1 【是非题】动荷因数总是大于1。　　　　　　　　　　　　　（　　）

19.2 【是非题】对自由落体垂直冲击,被冲击构件的冲击应力与材料无关。　（　　）

19.3 【是非题】在冲击应力和变形实用计算的能量法中,因为不计被冲击物的质量,所以计算结果与实际情况相比,冲击应力和冲击变形均偏大。　　　　　　（　　）

19.4 【是非题】在动载荷作用下,构件内的动应力与构件材料的弹性模量有关。（　　）

19.5 【是非题】构件在交变应力下的疲劳破坏与静应力下的失效本质是相同的。（　　）

19.6 【是非题】通常将材料的持久极限与条件疲劳极限统称为材料的疲劳极限。（　　）

19.7 【是非题】材料的疲劳极限与强度极限相同。　　　　　　　　　（　　）

19.8 【是非题】材料的疲劳极限与构件的疲劳极限相同。　　　　　　（　　）

19.9 【选择题】受水平冲击的刚架如图所示,欲求 C 点的铅垂位移,则动荷因数表达式中的静位移 Δ_{st} 应是（　　）。

A. C 点的铅垂位移　　　　　　B. C 点的水平位移

C. B 点的水平位移　　　　　　D. 截面 B 的转角

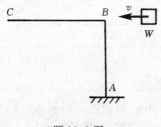

题 19.9 图

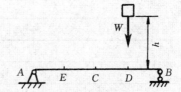

题 19.10 图

19.10 【选择题】如图所示重量为 W 的物体自高度 h 处下落至梁上 D 截面处。梁上 C 截面的动应力为 $\sigma_d = K_d \cdot \sigma_{st}$,其中 $K_d = 1 + \sqrt{1 + \dfrac{2h}{\Delta_{st}}}$,式中 Δ_{st} 应取静载荷作用下梁上（　　）。

A. C 点的挠度　　　　　　B. E 点的挠度

C. D 点的挠度　　　　　　D. 最大挠度

19.11 【选择题】如图所示,重量为 W 的物体自由下落,冲击在悬臂梁 AB 的 B 点上。梁的横截面为工字形,梁可安放成图(a)或图(b)的两种形式。比较两种情形下 A 截面处的静应力和动荷因数,其正确的说法是（　　）。

A. 图(a)静应力小,动荷因数小

B. 图(b)静应力小,动荷因数小

C. 图(a)静应力小,动荷因数大

D. 图(b)静应力大,动荷因数大

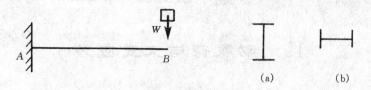

题 19.11 图

19.12 【选择题】如图(a)所示悬臂梁 AB 受冲击载荷作用。如载荷不变,在自由端 B 处加上一个弹簧支承(如图(b)所示)后,梁的动荷因数 $(K_d)_b$ 和 $(K_d)_a$ 的关系为（   ）。

A. $(K_d)_a > (K_d)_b$

B. $(K_d)_a < (K_d)_b$

C. $(K_d)_a = (K_d)_b$

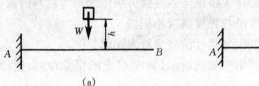

题 19.12 图

19.13 【填空题】疲劳破坏的特点是:

(1) _____;

(2) _____;

(3) _____;

(4) _____。

19.14 【填空题】对于恒幅交变应力,若最大应力记为 σ_{max}、最小应力记为 σ_{min},则平均应力 $\sigma_m =$ _____;应力幅 $\sigma_a =$ _____;应力比(或循环特征)$r =$ _____。

19.15 【填空题】影响构件疲劳极限的主要因素是(1) _____;(2) _____;(3) _____。

19.16 【引导题】某疲劳试验机的夹头如图所示。危险截面 $A-A$ 处的直径 $d = 40$ mm,圆角半径 $R = 4$ mm,螺纹部分的外径 $D = 48$ mm。夹头用钢制成,强度极限 $\sigma_b = 600$ MPa,屈服应力 $\sigma_s = 320$ MPa,拉-压对称循环应力的疲劳极限 $\sigma_{-1} = 170$ MPa,敏感因数 $\psi_\sigma = 0.05$,疲劳安全因数 $n_f = 1.7$,静强度安全因数 $n_s = 1.5$,表面精车加工。夹头承受的最大与最小轴向载荷分别为 $F_{max} = 150$ kN 与 $F_{min} = 0$,试校核截面 $A-A$ 的疲劳强度与静强度。

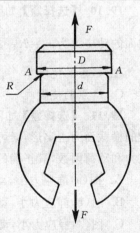

题 19.16 图

解 1. 计算工作应力

截面 A-A 承受非对称循环正应力,其最大值和最小值为

$$\sigma_{\max} = \frac{4F_{\max}}{\pi d^2} = \underline{\hspace{6cm}}$$

$$\sigma_{\min} = \frac{4F_{\min}}{\pi d^2} = \underline{\hspace{6cm}}$$

应力比为

$$r = \underline{\hspace{7cm}}$$

平均应力和应力幅则为

$$\sigma_{\mathrm{m}} = \underline{\hspace{4cm}}, \quad \sigma_{\mathrm{a}} = \underline{\hspace{4cm}}。$$

2. 确定影响因数

截面 A-A 处的几何特征:

$$\frac{D}{d} = 1.20 \qquad \frac{R}{d} = 0.10$$

查得 $\frac{D}{d} = 2$,$\frac{R}{d} = 0.10$ 时钢材的 $K_{\sigma 0}$ 值如下:

当 $\sigma_{\mathrm{b}} = 400$ MPa 时,$K_{\sigma 0} = \underline{\hspace{3cm}}$;当 $\sigma_{\mathrm{b}} = 800$ MPa 时,$K_{\sigma 0} = \underline{\hspace{3cm}}$。

利用线性插入法,得 $\sigma_{\mathrm{b}} = 600$ MPa 时钢材的有效应力集中因数为

$$K_{\sigma 0} = \underline{\hspace{6cm}}$$

又查得 $\frac{D}{d} = 1.20$ 时的修正系数为

$$\xi = \underline{\hspace{6cm}}$$

由此得截面 A-A 的有效应力集中因数为

$$K_{\sigma} = 1 + \xi(K_{\sigma 0} - 1) = \underline{\hspace{5cm}}$$

又查得表面质量因数为

$$\beta = \underline{\hspace{6cm}}$$

此外,在轴向受力的情况下,尺寸因数为

$$\varepsilon_{\sigma} \approx \underline{\hspace{6cm}}$$

3. 校核强度

将以上数据代入拉-压杆非对称循环应力下的强度条件公式,得到夹头 A-A 截面的工作安全因数为

$$n_{\sigma} = \frac{\sigma_{-1}}{\sigma_{\mathrm{a}} \dfrac{K_{\sigma}}{\varepsilon_{\sigma} \beta} + \psi_{\sigma} \sigma_{\mathrm{m}}} = \underline{\hspace{5cm}}$$

该截面的静强度安全因数为

$$n = \frac{\sigma_{\mathrm{s}}}{\sigma_{\max}} = \underline{\hspace{6cm}}$$

则截面 A-A 的疲劳强度与静强度 $\underline{\hspace{6cm}}$。

19.17 重量为 $W=10$ kN 的重物从距离杆的下端 $h=5$ mm 高处自由落下。(1)如图(a)所示,设杆的直径 $d_1=20$ mm,长 $l=1$ m,材料的 $E=70$ GPa,$[\sigma]=200$ MPa,试校核该杆的强度。(2)图(b)为阶梯杆,AB 段:直径 $d_1=20$ mm,长 $l_1=0.2$ m;BC 段:直径 $d_2=30$ mm,其他条件不变,试校核该杆的强度。

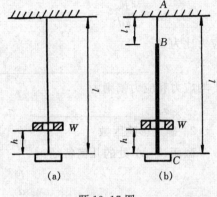

题 19.17 图

19.18 一端带有飞轮,另一端与一扭簧相连的圆轴如图所示。圆轴的直径 $d=50$ mm,长度 $l=1.5$ m,并以 $\omega=4\pi$ rad/s 的角速度旋转。飞轮可以看作一均质圆盘,其重量 $W=1$ kN,直径 $D=250$ mm,扭簧的抗扭刚度 $K=3.33\times10^4$ N·m/rad,轴材料的切变模量 $G=80$ GPa。试求:(1)当扭簧突然制动时,轴内的最大切应力;(2)若轴不与扭簧相连,当左端突然制动时,轴内的最大切应力。

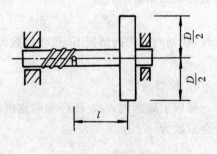

题 19.18 图

19.19 图示等截面刚架，$E=200$ GPa。一重量为 $W^*=300$ N 的物体，自高度 $h=50$ mm 处自由落下。试计算 A 截面的最大铅垂位移与刚架内的最大正应力。

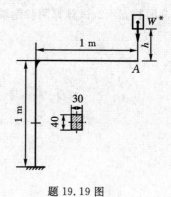

题 19.19 图

19. 20 图示钢轴,承受对称循环的弯曲应力作用。钢轴分别由合金钢和碳钢制成,前者的强度极限 σ_b＝1 200 MPa,后者的强度极限 σ'_b＝700 MPa,它们都是经粗车制成。设疲劳安全因数 n_f＝2,试计算两种钢轴的许用应力 $[\sigma_{-1}]$ 并进行比较。

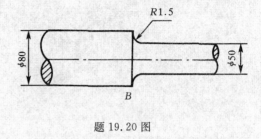

题 19.20 图

附录　参考答案

1　静力学基础

1.1 √　　**1.2** √　　**1.3** √　　**1.4** ×　　**1.5** ×　　**1.6** √　　**1.7** D

1.8 D　　**1.9** D　　**1.10** D

1.11 力偶矩矢量多边形自行封闭

1.12 $M_x = -1\ \text{kN} \cdot \text{m}, M_y = -2\ \text{kN} \cdot \text{m}, M_z = 1\ \text{kN} \cdot \text{m}$。

1.13 $Fa\sin\varphi$

1.14 $M_A(\boldsymbol{F}) = Fr[(\cos\alpha + \cos\beta)\sin\gamma - (\sin\alpha + \sin\beta)\cos\gamma]$

1.15 $F_3 = 173.2\ \text{N}$

2　力系的简化

2.1 ×　　**2.2** ×　　**2.3** ×　　**2.4** A,C,C　**2.5** B　　**2.6** A

2.7 A　　**2.8** C

2.9 $F'_R = \sqrt{3}F, M_O = aF\sqrt{3}/\sqrt{2}$,最后简化结果为力螺旋。

2.10 $F_R = 2.5\ \text{kN}$,作用线方程为 $200x - 150y - 58 = 0$。

2.11 $F_R = 1\ \text{kN}$

2.12 $(1) x_c = 0, y_c = 40\ \text{mm}; (2) x_c = 511.2\ \text{mm}, y_c = 0$。

2.13 $x_C = 147.4\ \text{mm}, y_C = 178.1\ \text{mm}, z_C = 49.1\ \text{mm}$。

3　物体的受力分析

3.1 外,内

3.2 约束;相反;主动

4　力系的平衡

4.1 ×　　**4.2** √　　**4.3** √　　**4.4** √　　**4.5** √　　**4.6** √　　**4.7** √

4.8 √　　**4.9** √　　**4.10** ×　　**4.11** √　　**4.12** ×　　**4.13** C　　**4.14** D

4.15 略

4.16 $\sum M_A = 0, \sum M_B = 0, \sum F_x = 0$; AB 连线不能垂直于 x 轴。

$\sum M_A = 0, \sum M_B = 0, \sum M_C = 0$; A、B、C 三点不共线。

4.17 力多边形自行封闭;各力在任一轴上投影代数和等于零。

4.18 图(a)为一次超静定,图(b)为三次超静定,图(c)为静定,图(d)为一次超静定,图(e)为一次超静定。

4.19 $F_{OA} = -1.414\text{kN}(压), F_{OB} = F_{OC} = 0.707\text{kN}(拉)$。

4.20 $F_1 = F_2 = -5\text{kN}(压), F_3 = 7.07\text{kN}(压), F_4 = F_5 = 5\text{kN}(拉), F_6 = -10\text{kN}(压)$。

4.21 $F_{Ax} = -401.8$ N, $F_{Ay} = F_{Az} = 401.8$N。

$F_1 = 568.3$ N(拉), $F_2 = -696.0$ N(压), $F_3 = -568.3$ N(压)。

4.22 $F_{Ax} = -5.2$ kN, $F_{Az} = 6$ kN; $F_{Bx} = -7.79$ kN, $F_{Bz} = 1.5$ kN。

$F_{T1} = 10$ kN, $F_{T2} = 5$ kN。

4.23 $M_1 = bM_2/a + cM_3/a, F_{Ay} = M_3/a, F_{Dy} = -M_3/a, F_{Az} = M_2/a, F_{Dz} = -M_2/a$。

4.24 $F_N = 1.07$ kN

4.25 (a) $F_A = -45$ kN, $F_B = 85$ kN。

(b) $F_A = 40$ kN, $M_A = 60$ kN·m。

4.26 $F_{Ax} = -F, F_{Ay} = -\dfrac{m}{l} - \dfrac{\sqrt{3}}{2}F, F_B = \dfrac{m}{l} + \dfrac{\sqrt{3}}{2}F$。

4.27 $F_3 = 333$ kN, $x = 6.75$ m。

4.28 $F_{Ax} = 8$ kN, $F_{Ay} = 4$ kN, $M_A = -12$ kN·m。

4.29 $F_{\min} = 2F(1 - r/R)$

4.30 $F_{Ax} = -230$ kN, $F_{Ay} = -100$ kN; $F_{Bx} = 230$ kN, $F_{By} = 200$ kN。

4.31 $F_{Ax} = 267$ N, $F_{Ay} = -87.5$ N; $F_B = 550$ N; $F_{Cx} = 209$ N, $F_{Cy} = -187.5$ N。

4.32 起动阶段 $F = 538$ N, 维持阶段 $F = 498$ N。

5 杆件的内力

5.1 ×　　**5.2** ×　　**5.3** ×　　**5.4** ×　　**5.5** √　　**5.6** ×　　**5.7** ×

5.8 ×

5.9

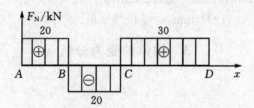

5.10

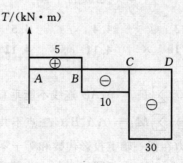

5.11

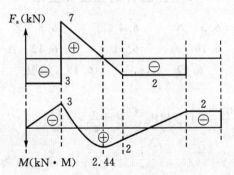

5.12

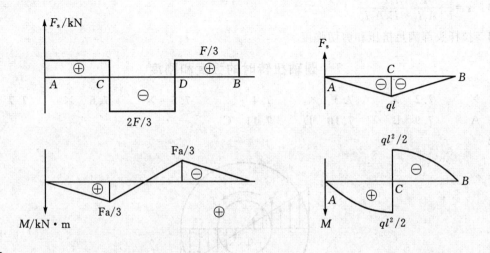

5.13

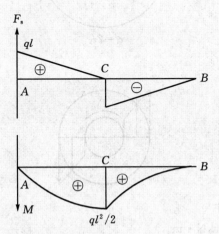

5.14 √

5.15 图(a)3、9、11;图(b)1、2、5、7、9;图(c)1、2、3、5、6、7、9、11。

5.16 $F_1 = -5.333F(压), F_2 = 2F(拉), F_3 = -1.667F(压)$。

5.17 $F_4 = 21.83\ kN(拉), F_5 = 16.73kN(拉), F_7 = -20kN(压), F_{10} = -43.66kN(压)$。

6 拉压杆的强度和变形

6.1 ✕　　**6.2** ✓　　**6.3** ✕　　**6.4** ✓　　**6.5** ✕　　**6.6** ✓　　**6.7** D

6.8 B　　**6.9** B　　**6.10** A　　**6.11** A　　**6.12** A　　**6.13** A　　**6.14** D

6.15 D　　**6.16** B　　**6.17** σ_s, σ_b　　**6.18** 屈服　　**6.19** $45°, 51\%$

6.20 $F/A, 0$

6.21 $\sigma = \dfrac{F}{A} = \dfrac{20 \times 1000}{\dfrac{\pi}{4} \times 15^2 \times 10^{-6}} = 113 \text{ MPa}, \quad E = \dfrac{\sigma}{\varepsilon} = \sigma \dfrac{l}{\Delta l} = 113 \times \dfrac{3}{2 \times 10^{-3}} = 170 \text{ GPa}$。

6.22 $l_{AB} = \dfrac{l}{\cos\theta} = 1.414l$

6.23 $x = \dfrac{E_2 A_2 l_1 l}{E_1 A_1 l_2 + E_2 A_2 l_1}$

6.24 拉杆头部满足挤压和剪切强度

7 圆轴扭转时的强度和刚度

7.1 ✕　　**7.2** ✕　　**7.3** ✕　　**7.4** ✓　　**7.5** ✕　　**7.6** ✕　　**7.7** D

7.8 A　　**7.9** B　　**7.10** D　　**7.11** C

7.12

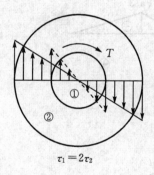

$$\tau_1 = 2\tau_2$$

7.13

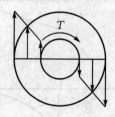

7.14 该轴不满足强度条件

7.15 许可转矩 $M \leqslant 39.27 \text{ kN·m}$。

7.16 $(1) d_1 \geqslant \sqrt[3]{\dfrac{16T}{\pi[\tau]}} = \sqrt[3]{\dfrac{16 \times 7024}{\pi \times 70 \times 10^6}} = 80 \text{ mm}, \quad d_2 \geqslant \sqrt[3]{\dfrac{16T}{\pi[\tau]}} = \sqrt[3]{\dfrac{16 \times 4214}{\pi \times 70 \times 10^6}} = 67.4 \text{ mm}$。

(2) 当主动轮安排在从动轮 2、3 中间时合理。

8 梁的强度和刚度

8.1 ✕ **8.2** ✕ **8.3** ✓ **8.4** ✕ **8.5** D **8.6** C **8.7** B

8.8 $S_y = \dfrac{bh^2}{2}$, $I_y = \dfrac{bh^3}{3}$, $I_z = \dfrac{hb^3}{3}$, $I_{yz} = -\dfrac{1}{4}b^2h^2$。

8.9 $I_y = \dfrac{a^4}{12}$, $I_z = \dfrac{a^4}{12}$, $I_{y_1} = \dfrac{a^4}{12}$, $I_{z_1} = \dfrac{7}{12}a^4$, $I_{yz} = 0$, $I_{y_1z_1} = 0$。

8.10 $S_y = \dfrac{d^3}{12}$; $I_y = \dfrac{\pi d^4}{128}$; $I_{y1} = \dfrac{\pi d^4}{128} + \left(a^2 + \dfrac{4ad}{3\pi}\right)\dfrac{\pi d^2}{8}$。

8.11 $S_y = 0$, $S_z = 0$; $I_y = 346.7\ \text{cm}^4$, $I_z = 533.4\ \text{cm}^4$; $I_{yz} = 0$。

8.12 $a = 111\ \text{mm}$

8.13 ✕ **8.14** ✕ **8.15** C **8.16** D **8.17** D

8.18 离中性轴最远处,中性轴,3/2。 **8.19** 8, 2, 16。 **8.20** 中性轴

8.21 (a) $\sigma_A = -25.48\ \text{MPa}$, $\sigma_B = -20.37\ \text{MPa}$, $\sigma_C = 0$, $\sigma_D = 25.48\ \text{MPa}$,
$\sigma_{\max} = 38.22\ \text{MPa}$。

(b) $\sigma_A = -123.46\ \text{MPa}$, $\sigma_B = -82.31\ \text{MPa}$, $\sigma_C = 0$, $\sigma_D = 123.46\ \text{MPa}$,
$\sigma_{\max} = 138.89\ \text{MPa}$。

8.22 $\sigma_{\max}^+ = 22.5\ \text{MPa} < [\sigma^+]$, $\sigma_{\max}^- = 33.9\ \text{MPa} < [\sigma^-]$。

8.23 $\tau_g = 0$, $\tau_k = 0.21\ \text{MPa}$, $\tau_p = 0.28\ \text{MPa}$。

8.24 $\sigma_{\max} = 6.7\ \text{MPa} < [\sigma]$, $\tau_{\max} = 1\ \text{MPa} < [\tau]$,强度符合要求。

8.25 18 号工字钢

8.26 ✓ **8.27** ✕ **8.28** ✓ **8.29** D **8.30** B **8.31** B

8.32 4,边界,连续

8.33 变形为小变形

8.34 增大梁的抗弯刚度、调整跨长和改变结构。

8.35 $\theta_A = \dfrac{3Ml}{2EI}$, $w_A = -\dfrac{5Ml^2}{4EI}$, $\theta_C = \dfrac{Ml}{2EI}$, $w_C = -\dfrac{Ml^2}{4EI}$。

8.36 $w_C = \dfrac{ql^4}{4EI}$

8.37 (a) $w_C = \dfrac{qal^2}{8EI}(l + 2a)$, $\theta_C = \dfrac{ql^2}{8EI}(l + 4a)$。

(b) $w_C = \dfrac{qa^4}{6EI}$, $\theta_C = \dfrac{5qa^3}{24EI}$。

8.38 $w_C = \dfrac{5qa^4}{3EI}$, $\theta_C = \dfrac{3qa^3}{EI}$。

8.39 (a) $w_A = \dfrac{Fl^3}{6EI}$, $\theta_B = \dfrac{9Fl^2}{8EI}$。

(b) $w_A = \dfrac{Fa}{6EI}(3b^2 + 6ab + 2a^2)$, $\theta_B = -\dfrac{Fa}{2EI}(2b + a)$。

8.40 $w_D = -\dfrac{Fl_2 l_1^2}{16EI}$, $w_C = \dfrac{Fl_2^2}{3EI}(l_1 + l_2)$, $\theta_C = \dfrac{Fl_2}{6EI}(2l_1 + 3l_2)$。

9 应力状态和强度理论

9.1 √ **9.2** × **9.3** √ **9.4** × **9.5** √ **9.6** A

9.7 D，A **9.8** A **9.9** 平行，σ_1，σ_3。 **9.10** 180，主应力。

9.11 (a) $\sigma_{30°}=40$ MPa，$\tau_{30°}=-17.32$ MPa。

(b) $\sigma_{-30°}=-43.3$ MPa，$\tau_{-30°}=-25$ MPa。

(c) $\sigma_{45°}=-110$ MPa，$\tau_{45°}=-30$ MPa。

(d) $\sigma_{71°}=51$ MPa，$\tau_{71°}=50$ MPa。

9.12 (b) $\sigma_1=50$ MPa，$\sigma_2=0$，$\sigma_3=-50$ MPa，$\tau_{max}=50$ MPa。

(c) $\sigma_1=55.4$ MPa，$\sigma_2=0$，$\sigma_3=-115.4$ MPa，$\tau_{max}=85.4$ MPa。

(d) $\sigma_1=100$ MPa，$\sigma_2=0$，$\sigma_3=0$，$\tau_{max}=50$ MPa。

9.13 单向，二向，二向。

9.14 (a) $\sigma_1=57$ MPa，$\sigma_3=-7$ MPa，$\alpha_0=-19.33°$，$\tau_{max}=32$ MPa。

(b) $\sigma_1=4.7$ MPa，$\sigma_3=-84.7$ MPa，$\alpha_0=-13.3°$，$\tau_{max}=44.7$ MPa。

(c) $\sigma_1=25$ MPa，$\sigma_3=-25$ MPa，$\alpha_0=-45°$，$\tau_{max}=25$ MPa。

9.15 (1) $\sigma_1=150$ MPa，$\sigma_2=75$ MPa，$\sigma_3=0$，$\tau_{max}=75$ MPa。

(2) $\sigma_\alpha=131$ MPa，$\tau_\alpha=-32.5$ MPa。

9.16 (a) $\sigma_1=11.2$ MPa，$\sigma_3=-71.2$ MPa，$\alpha_0=52.02°$，$\tau_{max}=41.2$ MPa。

(b) $\sigma_1=112$ MPa，$\sigma_3=0$ MPa，$\alpha_0=-22.5°$，$\tau_{max}=56$ MPa。

(c) $\sigma_1=0$ MPa，$\sigma_3=-96$ MPa，$\alpha_0=-55°$，$\tau_{max}=48$ MPa。

9.17 $\sigma_1=65$ MPa，$\sigma_2=30$ MPa，$\sigma_3=15$ MPa，$\tau_{max}=25$ MPa。

9.18 $M=\dfrac{\pi d^3 E \varepsilon_{45°}}{16(1+\mu)}$ **9.19** $M=2.05$ kN·m **9.20** $\varepsilon_{30°}=110\times10^{-6}$

9.21 √ **9.22** × **9.23** √ **9.24** $\sqrt{\sigma^2+4\tau^2}$，$\sqrt{\sigma^2+3\tau^2}$ **9.25** 不符合

9.26 σ_1、σ_2、σ_{r1}、σ_{r3}，σ_{r4} 均等于 $\dfrac{pD}{4\delta}$。 **9.27** $\sigma_{r1}=38.3$ MPa，强度无问题。

9.28 $\sigma_{r3}=300$ MPa，$\sigma_{r4}=265$ MPa。 **9.29** $p=4$ MPa

9.30 跨中截面上下边缘处：$\sigma=138.3$ MPa，集中力作用截面上腹板和翼缘的交界处：$\sigma_{r3}=$ 113.2 MPa，强度符合要求。

10 组合变形杆件的强度计算

10.1 × **10.2** × **10.3** √ **10.4** √ **10.5** × **10.6** A **10.7** A

10.8 C **10.9** 圆形截面；塑性材料(或塑性屈服破坏材料)。

10.10 最大压应力 $\sigma_{max}=121$ MPa，安全。 **10.11** $\sigma_{max}=53.95$ MPa **10.12** $\delta=2.65$ mm

10.13 $d=97.6$ mm，取 $d=98$ mm **10.14** $d\geqslant111.6$ mm，取 $d=112$ mm

11 压杆稳定

11.1 √ **11.2** √ **11.3** × **11.4** × **11.5** × **11.6** D，B **11.7** B

11.8 B **11.9** $1:1:5$，$1:2:20$。 **11.10** $2\sqrt{2}$

11.11 不安全,大;不安全,大。

11.12 (1) $\lambda_1 = 150$; $\lambda_2 = 70$; $\lambda_3 = 56.3$。

(2) $\rho_p = 100$; $\lambda_s = 62$。

(3) $\sigma_{cr1} = 90.4$ MPa, $\sigma_{cr2} = 225.6$ MPa, $\sigma_{cr3} = 235$ MPa。

11.13 $F_{cr} = 355$ kN, $b : h = 1 : 2$。

11.14 $\Delta t = 66.1$ ℃

11.15 $n = 1.7$,安全。

11.16 $[F] = 316.4$ kN, 2.08 倍。

11.17 $d \geqslant 8.7$ cm

12 简单静不定问题

12.1 √ **12.2** √ **12.3** √

12.4 静力平衡方程;变形协调方程;物理方程

12.5 d, e, f

12.6 (1) $F = 32$ kN,(2) $\sigma_1 = 86$ MPa(拉), $\sigma_2 = -78$ MPa(压)。

12.7 $F_{CE} = -38.57$ kN(压), $F_{BD} = 32.14$ kN(拉)。

12.8 $F_{N1} = F_{N3} = -160$ N(压), $F_{N2} = 320$ N(拉)。

12.9 $T_A = T_B = T = \dfrac{\beta G I_{PA} I_{PB}}{l_A I_{PB} + l_B I_{PA}}$

12.10 $F_{CD} = \dfrac{135}{187} F$, $F_{BA} = \dfrac{32}{187} F$。

12.11 (1) $F_A = F_C = 20.30$ kN, (2) $F_A = F_C = 0$, $F_B = 60$ kN。

12.12 $F_N = \dfrac{1}{8} ql (\rightarrow)$

13 运动学基础

13.1 (1) √ (2) × (3) × **13.2** √ **13.3** ×

13.4 $\dot{x} = Lb(1 - \cos bt)$, $\dot{y} = Lb \sin bt$; $v = 2Lb \cos(bt/2)$;

$\ddot{x} = Lb^2 \sin bt$, $\ddot{y} = -Lb^2 \cos bt$; $a = Lb^2$;

$a_t = Lb^2 \sin(bt/2)$, $a_n = Lb^2 \cos(bt/2)$;

$\rho = v^2 / a_n = 4L \cos(bt/2)$。

13.5 (a) $v_A = 2r\omega$, $a_A^t = 2r\alpha$, $a_A^n = 2r\omega^2$; $v_B = \sqrt{2} r\omega$, $a_B^t = \sqrt{2} r\alpha$, $a_B^n = \sqrt{2} r\omega^2$。

(b) $v_A = r\omega$, $a_A^t = r\alpha$, $a_A^n = r\omega^2$; $v_B = L\omega$, $a_B^t = r\alpha$, $a_B^n = r\omega^2$。

(c) $v_A = L\omega$, $a_A^t = L\alpha$, $a_A^n = L\omega^2$; $v_B = \omega \sqrt{L^2 + b^2}$, $a_B^t = \alpha \sqrt{L^2 + b^2}$,

$a_B^n = \omega^2 \sqrt{L^2 + b^2}$。

13.6 无,有。

13.7 $\tan\varphi = vt/b$; $\varphi = \tan^{-1} vt/b$; $\omega = bv/(b^2 + v^2 t^2)$,

$\alpha = -2bv^3 t/(b^2 + v^2 t^2)^2$;

$t = b/v$; $\omega = v/(2b)$, $\alpha = -v^2/(4b^2)$; $v_C = tv/(2b)$,

$a_C^t = L\alpha = Lv^2/(4b^2), a_C^n - L\omega^2 - Lv^2/(4b^2)$。

13.8 (1) $x = 60\sin 2\pi t + 40\cos 2\pi t, y = 20\sin 2\pi t$。

(2) $v_x = 200.4$ cm/s, $v_y = 108.7$ cm/s; $v = 228$ cm/s, $\varphi = \cos^{-1}(v_x/v) = 28.48°$。

13.9 $v_M = 9.42$ m/s($\rightarrow$), $a_M = 444$ m/s²($\uparrow$)。

14 点的合成运动

14.1 ✕   **14.2** ✕   **14.3** ✓   **14.4** C   **14.5** B   **14.6** B,A。

14.7 圆周运动,直线运动,定轴转动。

14.8 圆周运动,直线运动,定轴转动。

速度	$\boldsymbol{v}_a$	$\boldsymbol{v}_e$	$\boldsymbol{v}_r$
大小	$\overline{O_1A} \cdot \omega_1$	未知	未知
方向	$\perp O_1B$	$\perp O_2A$	沿 O_1B

$v_a = \dfrac{2}{3}\sqrt{3}l\omega_1$; $\omega_2 = \dfrac{2}{3}\omega_1$,逆时针。

14.9 $\omega_{AB} = e\omega/l$

14.10 直线运动,直线运动,曲线平动。

速度	$\boldsymbol{v}_a$	$\boldsymbol{v}_e$	$\boldsymbol{v}_r$
大小	未知	$\overline{O_1A} \cdot \omega$	未知
方向	铅垂	$\perp O_1A$	沿 AB

$v_{CD} = 10$ cm/s,铅垂向上。

加速度	$\boldsymbol{a}_a$	$\boldsymbol{a}_e^t$	$\boldsymbol{a}_e^n$	$\boldsymbol{a}_r$
大小	未知	$\overline{O_1A} \cdot \alpha$	$\overline{O_1A} \cdot \omega^2$	未知
方向	铅垂	$\perp O_1A$	平行于 O_1A	沿 AB

DC 方向,有 $a_a = a_e^n\sin\varphi - a_e^t\cos\varphi$; $a_{CD} = 15\sqrt{3}$ cm/s²,铅垂向上。

14.11 $\omega_{OA} = \dfrac{\sqrt{3}v}{3R}$(逆时针), $\alpha_{OA} = \dfrac{\sqrt{3}}{3R}\left(a - \dfrac{v^2}{R}\right)$(逆时针)。

14.12 $\omega_{AB} = \sqrt{3}/3$ rad/s, $\alpha_{AB} = 0.65$ rad/s²。

15 刚体的平面运动

15.1 ✓   **15.2** ✓   **15.3** ✕   **15.4** ✓   **15.5** $\omega = \sqrt{3}V_A/L, V_C = 2V_A$

15.6 C   **15.7** B

15.8 瞬时平动,等于零,相同,$v_C = v_A = v_B = r\omega$,水平向右。

加速度	$\boldsymbol{a}_B^t$	$\boldsymbol{a}_B^n$	$\boldsymbol{a}_A$	$\boldsymbol{a}_{BA}^t$	$\boldsymbol{a}_{BA}^n$
大小	未知	$v_B^2/\overline{O_2B}$	$\overline{O_1A} \cdot \omega^2$	未知	0
方向	$\perp O_2B$	沿 BO_2	沿 AO_1	$\perp AB$	

$a_B^n = a_A^n - a_{BA}^t\cos 45°$; $a_{BA}^t = \dfrac{\sqrt{2}}{2}R\omega^2$, $\alpha = \dfrac{\sqrt{2}}{4}\omega^2$(逆时针)。

加速度	a_C	a_A	a_{CA}^{t}	a_{CA}^{n}
大小	未知	$\overline{O_1A} \cdot \omega^2$	$\alpha \cdot \overline{AC}$	0
方向	未知	沿 AO_1	$\perp AC$	

$a_C = 0$

15.9 $v_B = 12.9$ m/s, $\omega_{\text{轮}} = 40$ rad/s, $\omega_{AB} = 14.1$ rad/s。

15.10 $\omega_{AB} = 2$ rad/s, $\omega_C = 2$ rad/s。

15.11 $v_B = 14.7$ cm/s; $\alpha_C = 54$ rad/s^2，顺时针。

15.12 $\omega_O = 2$ rad/s, $\alpha_O = 3.75$ rad/s^2。

15.13 (1) $a_B = \dfrac{\sqrt{3}}{3}R\omega^2$; (2) $\omega_{DE} = \dfrac{\omega}{4}$, $\alpha_{DE} = \dfrac{\sqrt{3}}{8}\omega^2$。

16　动力学普遍定理

16.1 √　**16.2** √　**16.3** ×　**16.4** √　**16.5** B　**16.6** D　**16.7** B

16.8 $\sum F_x \equiv 0$; ① $x_C = \dfrac{m_1 x_1 + m_2 x_2}{m_1 + m_2}$;

$x_1 + \Delta x$, $x_2 + \Delta x + \dfrac{a+b}{2}$;

② $x_C = \dfrac{m_1(x_1 + \Delta x) + m_2(x_2 + \Delta x + \dfrac{a+b}{2})}{m_1 + m_2}$;

$m_1 x_1 + m_2 x_2 = m_1(x_1 + \Delta x) + m_2(x_2 + \Delta x + \dfrac{a+b}{2})$;

$\Delta x = -\dfrac{m_2(a+b)}{2(m_1 + m_2)}$。

解 16.8 图

16.9 $F_x'' = -7\,810$ N; $F_y'' = 3\,250$ N。

16.10 (1) $F_{x\max} = \dfrac{F_2}{g}e\omega^2$; (2) $\omega_{\min} = \sqrt{\dfrac{F_1 + F_2}{eF_2}g}$。

16.11 √　　**16.12** √　　**16.13** 内,外。　**16.14** $I/3m$

16.15 $s_A = 170$ mm(向左); $s_B = 90$ mm(向右)。

16.16 $4(x_B - \dfrac{l}{2}\cos\varphi_0)^2 + y_B^2 = l^2$

16.17 √　　**16.18** √　　**16.19** ×　　**16.20** √　　**16.21** √

16.22 O 点为固定点或质点系的质心　**16.23** $\dfrac{2F}{3m}, \dfrac{F}{3}$。

16.24 (1) $L_O = (\dfrac{1}{2}R^2 + l^2)mv$; (2) $L_O = m(R^2 + l^2)\omega$; (3) $L_O = ml^2\omega$。

16.25 $a = \dfrac{2(m_1 - m_2)}{M + 2(m_1 + m_2)}g$　**16.26** B　**16.27** a,c　**16.28** $J\ddot{\varphi} = -ka^2\varphi - Fb\varphi$

16.29 $\alpha = 0$　**16.30** ×　　**16.31** ×　　**16.32** ×　　**16.33** ×

16.34 B,E　　**16.35** D

16.36 (a) $T = \dfrac{3}{4}mr^2\omega^2$; (b) $T = \dfrac{1}{2}mv_O^2$; (c) $T = \dfrac{3}{4}mv_O^2$

16.37 $T=\dfrac{2}{9}mr^2\omega^2$ **16.38** $T=\dfrac{3}{4}m(R_1+R_2)^2\omega^2$

16.39 $m(r+R)\omega_0$, $m(\dfrac{2}{3}r^2+\dfrac{5}{2}Rr+R^2)\omega_0$, $\dfrac{3}{4}m(R+r)^2\omega_0^2$。

16.40 $a_A=\dfrac{3m_1}{4m_1+9m_2}g$

16.41 $3m(R-r)^2\ddot\varphi+2[mg(R-r)+k]\varphi=0$, $T=2\pi(R-r)\sqrt{\dfrac{3}{2[g(R-r)+k/m]}}$。

16.42 √ **16.43** ×

16.44 ① $m(v_r\cos\alpha-v)-Mv=C$; $\delta A=mg\sin\alpha\cdot ds$;

$T=\dfrac{1}{2}Mv^2+\dfrac{1}{2}m[(v_r\sin\varphi)^2+(v_r\cos\varphi-v)^2]$。

② $Mvdx+m[v_r\sin\varphi dv_r+(v_r\cos\varphi-v)\cdot(\cos\varphi dv_r$

$-dv)]=mg\sin\varphi\cdot ds$

$a=\dot v=\dfrac{m\sin2\varphi}{3M+m+2m\sin^2\varphi}g$

16.45 $a=\dfrac{m\sin\varphi-M}{2m+M}g$, $F_T=\dfrac{3Mm+(2Mm+m^2)\sin\varphi}{2(2m+M)}g$。

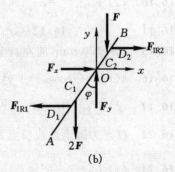

解 16.44 图

16.46 $\ddot\varphi_1=\dfrac{2m_2}{3m_1+2m_2}\cdot\dfrac{g}{R_1}$, $\ddot\varphi_2=\dfrac{2m_1}{3m_1+2m_2}\cdot\dfrac{g}{R_2}$, $a_C=\dfrac{2(m_1+m_2)}{3m_1+2m_2}g$, $F_T=\dfrac{m_1m_2}{3m_1+2m_2}g$。

16.47 $F_N=\dfrac{7}{3}mg\cos\theta$, $F=\dfrac{1}{3}mg\sin\theta$。

17 动静法

17.1 × **17.2** × **17.3** √ **17.4** √ **17.5** D

17.6 $F_{IC}=2m\omega v_r$; $F_{Ie}^n=2mR\omega^2\cos(\theta/2)$, $F_{Ie}^t=2mR\alpha\cos(\theta/2)$。

17.7 $F'_{IR}=ma$, $M_{IO}=mRa/2$。 **17.8** √ **17.9** C **17.10** D

17.11 $F_{IR1}=\dfrac{2F}{g}a\omega^2\sin\varphi$; $F_{IR2}=\dfrac{F}{g}\times\dfrac{1}{2}a\omega^2\sin\varphi$;

$2Fa\sin\varphi-F_{IR1}\times\dfrac{2}{3}\times2a\cos\varphi-F_{IR2}\times\dfrac{a}{3}\cos\varphi-$

$F\times\dfrac{a}{2}\sin\varphi=0$; $\cos\varphi=\dfrac{9g}{17a\omega^2}$。

解 17.11 图

17.12 $F_{IR1}=m_1a_1$; $F_{IR}^{e'}=m_2a_2$, $F_{IR}^{r'}=m_2a_r$, $M_{ID}=\dfrac{1}{2}m_2r^2\alpha$。

① $F_{IR1}+F_{IR}^{e'}-F_{IR}^{r'}\cos\theta=0$;

② $M_{ID}+F_{IR}^{r'}\cdot r-m_2gr\sin\theta-F_{IR}^{e'}\cdot r\cos\theta=0$;

③ $a_r=r\alpha$;

$a_1=\dfrac{m_2\sin2\theta}{3(m_1+m_2)-2m_2\cos^2\theta}g$。

17.13 $\alpha=\dfrac{3g}{2l}\cos\theta$, $F_T=\dfrac{1}{2}mg\sin2\theta$, $F_N=(1-\dfrac{3}{4}\cos^2\theta)mg$。

17.14　$a_C = 2.8 \text{ m/s}^2$；$F_T = 42 \text{ N}$；$F = 14 \text{ N}$。

18　能量原理

18.1　×　　**18.2**　×　　**18.3**　√　　**18.4**　√　　**18.5**　×　　**18.6**　B；D

18.7　①、②、③。

18.8　(1)2；(2)2；(3)3；(4)4。

18.9　$\delta r_C = (1 + \sqrt{3})\delta A$

18.10　（解法一）$l\cos\varphi$，$l\sin\varphi$，$2l\cos\varphi$，$\dfrac{l}{3}\cos\varphi$，$\dfrac{5l}{3}\cos\varphi$。

　　①$-l\sin\varphi\delta\varphi$，$l\cos\varphi\delta\varphi$，$-2l\sin\varphi\delta\varphi$，$-\dfrac{l}{3}\sin\varphi\delta\varphi$，$-\dfrac{5l}{3}\sin\varphi\delta\varphi$。

　　② $F\delta x_C + (-F')\delta x_D + F_2\delta x_B + F_1\cos\alpha\delta x_A + F_1\sin\alpha \cdot \delta y_A = 0$；$k(\dfrac{4}{3}l\cos\varphi - l_0)$。

　　③ $\dfrac{2}{3}F - F_2\dfrac{\sin(\varphi - \alpha)}{2\sin\alpha} = 191.34 \text{ N}$。

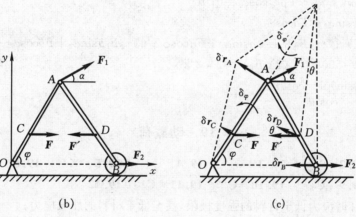

(b)　　　　　　　　　　　(c)

解 18.10 图

（解法二）④$-F\sin\varphi\delta r_C + F'\cos\theta\delta r_D - F_2\delta r_B - F_1\sin(\varphi - \alpha)\delta r_A = 0$；

　　⑤ $\dfrac{1}{3}$，$\dfrac{5\sin\varphi}{3\cos\theta}$，$2\sin\varphi$；

（解法三）$\dfrac{-F\sin\varphi\delta r_C + F'\cos\theta\delta r_D - F_2\delta r_B - F_1\sin(\varphi - \alpha)\delta r_A}{\delta\varphi}$；

　　$(\dfrac{4}{3}F - 2F_2)\sin\varphi - F_1\sin(\varphi - \alpha) = 0$。

18.11　（解一）$a\cos\varphi_1$，$a\sin\varphi_1 + b\sin\varphi_2$，$a\cos\varphi_1 + b\cos\varphi_2$。

　　①$-a\sin\varphi_1\delta\varphi_1$，$a\cos\varphi_1\delta\varphi_1 + b\cos\varphi_2\delta\varphi_2$，$-a\sin\varphi_1\delta\varphi_1 - b\sin\varphi_2\delta\varphi_2$

　　② $F_A\delta y_A + F\delta x_B + F_B\delta y_B = 0$

　　③$-(F_A + F_B)a\sin\varphi_1 + Fa\cos\varphi_1$；$-F_Bb\sin\varphi_2 + Fb\cos\varphi_2$

　　④$-(F_A + F_B)a\sin\varphi_1 + Fa\cos\varphi_1 = 0$

　　⑤$-F_Bb\sin\varphi_2 + Fb\cos\varphi_2 = 0$；⑥ $\dfrac{F}{F_A + F_B}$，$\dfrac{F}{F_B}$。

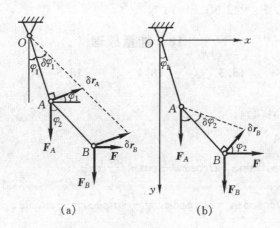

(a)   (b)

解 18.11 图

（解法二）⑧ $-F_A \delta r_A \sin\varphi_1 - F_B \delta r_B \sin\varphi_1 + F\delta r_B \cos\varphi_1 = 0; a, a_。$

⑨ $[-(F_A + F_B)a\sin\varphi_1 + Fa\cos\varphi_1]$

⑩ $-F_B \delta r_B \sin\varphi_2 + F\delta r_B \cos\varphi_2 = 0; b$

⑪ $-F_B b\sin\varphi_2 + Fb\cos\varphi_2$

（解法三）⑭ $-(F_A + F_B)a\sin\varphi_1 + Fa\cos\varphi_1$；⑮ $-F_B b\sin\varphi_2 + Fb\cos\varphi_2$。

18.12 (1) $F_{By} = 500$ kN; (2) $F_{BC} = 424.2$ kN。

18.13 $M = \dfrac{450\sin\theta(1-\cos\theta)}{\cos^3\theta}$ N·m

19 动载荷

19.1 ✕   **19.2** ✕   **19.3** ✓   **19.4** ✓   **19.5** ✕   **19.6** ✓   **19.7** ✕

19.8 ✕   **19.9** C   **19.10** C   **19.11** C   **19.12** B

19.13 (1) 破坏时应力低于材料的强度极限,甚至低于材料的屈服应力;

       (2) 疲劳破坏需经历多次应力循环后才能出现;

       (3) 破坏时一般无明显的塑性变形,即表现为脆性断裂;

       (4) 在破坏的断口上,通常有光滑和粗粒状两个区域。

19.14 $\sigma_m = \dfrac{\sigma_{max} + \sigma_{min}}{2}$; $\sigma_a = \dfrac{\sigma_{max} - \sigma_{min}}{2}$; $r = \dfrac{\sigma_{min}}{\sigma_{max}}$。

19.15 (1) 构件外形;   (2) 构件截面尺寸;   (3) 表面加工质量。

19.16 1. $r = 0$;   2. $K_\sigma = 1.46$; $\beta = 0.94$, $\varepsilon_\sigma = 1$;   3. $n_\sigma \approx 1.78$, $n = 2.68$。

19.17 (1) $\sigma_{dmax} = 184.2$ MPa,   (2) $\sigma_{dmax} = 234.2$ MPa。

19.18 (1) $\tau_{max} = 58.7$ MPa,   (2) $\tau_{max} = 82.7$ MPa。

19.19 $\Delta = 2.22 \times 10^{-2}$ m, $\sigma_{max} = 176$ MPa。

19.20 合金钢:$[\sigma_{-1}] \approx 34$ MPa; 碳钢:$[\sigma_{-1}] \approx 35$ MPa。